Glibber, Glimmer, Laserschwerter:
Chemie-Experimente zuhause

Katja Weirauch • Tim Boshuis
Patrick Gräb • Ekkehard Geidel

Glibber, Glimmer, Laserschwerter: Chemie-Experimente zuhause

Mit Fotos von Philipp Weyer

Katja Weirauch
Didaktik der Chemie
Universität Würzburg
Würzburg, Deutschland

Tim Boshuis
Didaktik der Chemie
Universität Würzburg
Würzburg, Deutschland

Patrick Gräb
Didaktik der Chemie
Universität Würzburg
Würzburg, Deutschland

Ekkehard Geidel
Didaktik der Chemie
Universität Würzburg
Würzburg, Deutschland

ISBN 978-3-662-67348-5   ISBN 978-3-662-67349-2 (eBook)
https://doi.org/10.1007/978-3-662-67349-2

Die Deutsche Nationalbibliothek verzeichnet diese Publikation in der Deutschen Nationalbibliografie; detaillierte bibliografische Daten sind im Internet über https://portal.dnb.de abrufbar.

Einbandabbildung: Danyilo/Stock.adobe.com

Planung/Lektorat: Charlotte Hollingworth
Springer ist ein Imprint der eingetragenen Gesellschaft Springer-Verlag GmbH, DE und ist ein Teil von Springer Nature.
Die Anschrift der Gesellschaft ist: Heidelberger Platz 3, 14197 Berlin, Germany

Das Papier dieses Produkts ist recyclebar.

Vorwort

Wenn man als Schülerin oder Schüler schon mal die Gelegenheit erhält, ein chemisches Experiment durchzuführen, dann muss man meistens einer genauen Anleitung folgen. Dabei würde man viel lieber einfach ausprobieren, was passiert, wenn ...

Dieses Buch ist für all jene geschrieben, die die Blaukraut- und Backpulver-Experimente aus dem Internet schon alle durchprobiert haben und denen der Chemie-Baukasten auch nichts Neues mehr bieten kann. Du musst nicht auf die nächste Chemie-Stunde in der Schule warten, um weitermachen zu können!

Um Chemie zu betreiben, braucht man nicht unbedingt ein Labor. Chemische Experimente durchzuführen bedeutet aber auch nicht, einfach alles zusammenzuschütten, was der Putzschrank oder der Kühlschrank hergeben. Abgesehen davon, dass das durchaus gefährlich werden kann, passiert oft nichts. Oder es passiert etwas, und keiner ist da, der einem erklären könnte, warum. Mit diesem Buch möchten wir Dir Ideen und erste Anleitungen geben, mit denen Du selbst weiterforschen kannst. Nach einer ersten Erklärung folgen mehrere Versuche, mit denen Du eine chemische Untersuchungsmethode trainieren kannst, die Dich fit machen soll, um dann Deinen eigenen Ideen nachgehen zu können. Für die Versuche benötigst Du zum Teil unüblichere Materialien, die man aber alle käuflich erwerben kann.

Leg los!

Viel Spaß und Erfolg dabei wünschen Euch ...

Würzburg, Deutschland

Katja Weirauch
Tim Boshuis
Patrick Gräb
Ekkehard Geidel

V

Mitwirkende

Die Autor:innen bedanken sich bei folgenden Personen für die unverzichtbare und hilfreiche Mitarbeit bei der Entwicklung und Optimierung der Experimente dieses Buches:

Lucas Carl
Franziska Deindl
Ingo Ehrensberger
Denise Fischer
Bastian Fuchs
Theresa Geiwiz
Erkan Karaman
Jordan Karg
Vladimir Manwajler

Katja Weirauch

war mal Lehrerin für Chemie und Biologie in verschiedenen Bundesländern. Natürlich findet sie chemische Formeln, Redox-Gleichungen oder große organische Strukturformeln toll, muss aber inzwischen zugeben, dass man die nur braucht, wenn man tiefer in die Chemie einsteigen will. Viel wichtiger wäre es, dass jeder von uns genügend Chemie-Wissen hat, um chemische Fragen aus unserem Alltag verstehen zu können! Somit plagt sie seit über zehn Jahren an der Universität Würzburg ihre Lehramts-Studierenden damit, sich Gründe zu überlegen, warum man chemische Fachinhalte lernen sollte.

In diesem Buch hat sie die Gesamtkonzeption und -redaktion übernommen und die Tüftelaufgaben am Anfang beigetragen sowie die Kapitel zu Lavalampen und zu Glitzer in Kosmetik.

Tim Boshuis

„In der Schule habe ich Chemie ja nie so richtig verstanden!" – das ist wohl eine der häufigsten Reaktionen, wenn Tim erzählt, was er studiert hat. Doch welche Möglichkeiten haben Lehrerinnen und Lehrer, Chemie in der Schule verständlicher zu unterrichten? Genau mit diesem Thema hat sich Tim in seiner vierjährigen Promotion auseinandergesetzt und Lehramts-Studierenden die Möglichkeit gegeben, gemeinsam mit Schülerinnen und Schülern im Labor zu experimentieren. Das Ergebnis: Spannende alltagsbezogene Inhalte braucht es, aber auch Lehrerinnen und Lehrer, die ihr Handeln reflektieren. Hinzu kamen aber auch viele neue Fragen – So ist das nun einmal in der Naturwissenschaft. Heute berät er Unternehmen dabei, wie Lernen für Mitarbeitende attraktiv und nachhaltig gestaltet werden kann.

Patrick Gräb

hat vier Jahre lang an der Universität Würzburg chemisch geforscht und getüftelt. Dabei interessierte er sich besonders für die Stoffe, die unsere Welt bunt und farbig erscheinen lassen. Bei der Untersuchung dieser Farbstoffe entdeckte er seine Leidenschaft für Mikrocontroller und Sensoren, mit denen man viele chemische Stoffe und Reaktionen analysieren kann. Sein Ziel war, diese kostengünstige Messtechnik für begeisterte Schülerinnen und Schüler zugänglich zu machen, um sie für das komplexe, aber spannende Themengebiet der Physikalischen Chemie zu begeistern. Mittlerweile versucht er als Lehrer für Chemie und Mathematik seine Leidenschaft für die MINT-Fächer an Schülerinnen und Schüler in Niedersachsen weiterzugeben.

Ekkehard Geidel

hat mal „richtig" Chemie studiert und war anschließend an verschiedenen Universitäten und Einrichtungen in der Forschung tätig. Darüber hinaus war er mehrere Jahre Lehrer für Chemie und Physik und hat dabei versucht, seine Leidenschaft für die Naturwissenschaften an junge Menschen weiterzugeben. Inzwischen ist er seit über zwölf Jahren Professor für Chemiedidaktik an der Universität Würzburg und bildet Lehramts-Studierende aus. Sein besonderes Anliegen an die zukünftigen Chemielehrkräfte ist, dass Chemieunterricht nicht nur inhaltlich korrekt und anschaulich sein sollte, sondern durchaus auch Spaß machen darf.

Inhaltsverzeichnis

1

Lieber vorher mal kurz nachdenken!

Liebe Forscherinnen und Forscher auch wenn bei den in diesem Buch beschriebenen Versuchen bewusst nur haushaltsnahe Gegenstände und Materialien verwendet werden, gibt es beim Experimentieren immer Gefahrenquellen. Schließlich weiß man nicht, welches Ergebnis herauskommt – sonst müsste man die Experimente ja gar nicht machen. Deshalb sind die folgenden grundlegenden Aspekte beim Experimentieren wichtig. Sie erheben keinen Anspruch auf Vollständigkeit, und die Autor:innen übernehmen keine Haftung:

* Denk nach, bevor Du beginnst! Was willst Du tun? Was brauchst Du dafür? Was könnte schwierig oder gefährlich sein?
* Beachte die Regeln zur Sicherheit, die im Haushalt sonst auch gelten (z. B. beim Benutzen von Küchengeräten).

K. Weirauch et al., *Glibber, Glimmer, Laserschwerter: Chemie-Experimente zuhause*, https://doi.org/10.1007/978-3-662-67349-2_1

- Informiere Deine Erziehungsberechtigten, bevor Du mit dem Experimentieren beginnst. Sie haften für die Ergebnisse Deines Tuns.
- Das Essen und Trinken in der Nähe von Experimenten ist verboten! Nach dem Experimentieren müssen alle Arbeitsflächen und Gefäße gründlich gereinigt werden. Hände waschen nicht vergessen!
- Beim Umgang mit Hitze und Heizquellen (Herdplatte, Waffeleisen o. Ä.) ist besondere Vorsicht geboten. Beachte, dass das Abkühlen eine Zeit lang dauert. Benutze beim Anfassen heißer Gegenstände entsprechende Hilfsmittel (Backhandschuhe, Silikonfingerlinge, Grillzange, …).

- Beim Umgang mit offenen Flammen (Teelicht o. Ä.) musst Du längeres Haar zusammenbinden. Alles, was in eine Flamme geraten könnte, muss weggesteckt werden (zum Beispiel weite Ärmel, Halstuch, Kopftuch, Ketten, Baseballkappen etc.).
- Für alle Experimente wird das Tragen einer Schutzbrille dringend empfohlen. Beim Erhitzen von Flüssigkeiten kann es immer dazu kommen, dass etwas spritzt (Siedeverzug). Die Augen sollten dann gut geschützt sein. Schutzbrillen kann man im Internet oder im Baumarkt günstig kaufen. Sonnenbrillen oder normale Brillen reichen nicht aus! Sie haben keinen seitlichen Schutz und sind nicht bruch- oder hitzefest.

- Beachte beim Arbeiten mit elektrischen Geräten die entsprechenden Sicherheitshinweise der Hersteller.
- Denk darüber nach, was mit den Abfällen passieren soll. Spezielle Hinweise zu den einzelnen Experimenten findest Du in jedem Kapitel. Diese Hinweise solltest Du unbedingt befolgen!

Und jetzt viel Spaß beim Forschen!

Liebe Erziehungsberechtigte und Aufsichtsführende wir haben die Versuche in diesem Buch nach bestem Wissen und Gewissen ausgearbeitet. Dennoch können Unfälle nie ausgeschlossen werden. Für eventuell entstehende Schäden können wir keine Haftung übernehmen. Wir empfehlen, mit den jungen Forscher:innen klare Regeln für das Experimentieren im Vorfeld festzulegen (siehe Abb. 1.1). Alle in diesem Buch vorgeschlagenen „echten Chemikalien" sind käuflich über die Apotheke oder das Netz erwerbbar und im Rahmen üblicher Benutzung harmlos. Die Hinweise zur Entsorgung sollten jeweils beachtet werden! Zum Schutz beim Experimentieren empfehlen wir wenigstens die Anschaffung einer echten Laborbrille, idealerweise auch eines Laborkittels. Einfache Labormaterialien wie Reagenzgläser und Reagenzglasständer können relativ kostengünstig erworben werden. Wir empfehlen sie für das chemische Arbeiten, da sie hitzefest, durchsichtig und gut handhabbar sind.

Grundsätzlich setzen wir bei der Durchführung der im Folgenden beschriebenen Experimente auf „gesunden Menschenverstand" und gehen davon aus, dass die haushaltsüblichen Sicherheitsvorkehrungen eingehalten werden.

Abb. 1.1   Im Vorfeld Regeln festlegen! (© Климов Максим / Stock.adobe.com)

2

Kleines Trainingslager für Forscher:innen

Neugierde ist uns angeboren. Und vermutlich kann man guten Gewissens sagen, dass die Menschheit ohne diese Eigenschaft wohl noch auf den Bäumen säße. Der Drang, zu entdecken und herauszufinden, bringt Kleinkinder dazu, Neues wissen zu wollen, und somit zu lernen. Wieso, so fragt man sich, geht dieser Drang bei vielen im Laufe der Schulzeit scheinbar verloren? Geht er nicht, sagen Forschende aus Bildungswissenschaften und Lernpsychologie. Es kommt darauf an, ob man sich für eine Sache interessiert oder eben nicht.

Als Forschende in den Naturwissenschaften macht es uns selbst sehr viel Spaß, Fragen nachzugehen und sie – wo möglich – experimentell zu beantworten. Und Gleiches möchten wir Dir mit diesem Buch ermöglichen! Allerdings kennen wir auch die Situation, dass man alle Versuche eines gekauften Experimentier-Kastens ausprobiert hat und am Ende nicht weiß, was man jetzt mit all den Sachen machen soll. Wir wissen nicht, wie es Dir ging, aber wir haben damals einfach alles zusammengekippt. Und waren entweder enttäuscht, weil nichts passierte, oder enttäuscht, weil keiner uns erklären konnte, warum etwas passiert ist. Es schäumt – wer hätte das gedacht?! Oder es wird bunt – okay – und jetzt? Richtiges Forschen ist nicht das Gleiche wie „mal irgendwas probieren". Richtiges Forschen folgt bestimmten Regeln, und die wollen auch gelernt sein.

Mit diesem Buch wollen wir Dir daher keine „Kochrezepte zum Nachmachen" liefern, sondern Methoden, um eigenständig zu forschen. Selbst die Profis können nicht „einfach mal loslegen". Auch sie müssen zunächst die richtigen Methoden und passenden Werkzeuge auswählen, um Fragen damit zu beantworten.

© Der/die Autor(en), exklusiv lizenziert an Springer-Verlag GmbH, DE, ein Teil von Springer Nature 2023
K. Weirauch et al., *Glibber, Glimmer, Laserschwerter: Chemie-Experimente zuhause*, https://doi.org/10.1007/978-3-662-67349-2_2

Dabei gibt es nicht *das* Werkzeug oder *die* Methode. Für die Naturwissenschaften lassen sich aber einige Schritte formulieren, die in den meisten Fällen verfolgt werden. Da sie hilfreiche Denkanstöße geben können, wenn man selbst forschen will, stellen wir sie Dir im Folgenden kurz vor.

2.1 Denkanstöße

Es gibt viele Anekdoten darüber, wie berühmte Forscherinnen und Forscher zu den Fragen gekommen sind, für deren Beantwortung sie berühmt wurden. Sei es Newton, dem angeblich ein Apfel auf den Kopf fiel, oder Kekulé mit seinem Traum von der Schlange für die Erklärung der Strukturformel von Benzen (siehe Abb. 2.1). Im Forschungsalltag ist es aber eher so, dass bestimmte Arbeitsgruppen zu bestimmten Themen forschen. Und mit jeder neuen Erkenntnis ergeben sich wieder neue Fragen. Es ist also meistens ein Weiterforschen an dem, was andere bereits begonnen haben, und nur sehr selten ein ganz neuer, bisher ungedachter Denkansatz.

Insofern fallen einem im Alltag manchmal spannende Fragen ein, oft kommen einem die Fragen aber erst dann, wenn man sich mit einem Thema genauer beschäftigt. Jedenfalls stehen die Neugierde und damit das Stellen von Fragen, um mehr zu erfahren, am Anfang jeden Forschens. Und üblicherweise sucht man zunächst im Internet oder in Büchern eine Antwort auf die Frage oder stellt sie Menschen aus der eigenen Umgebung. Findet man eine Antwort, so kann man diese entweder akzeptieren und eine neue Frage stellen oder die Antwort bezweifeln und sich daranmachen, sie zu überprüfen. Zu jedem Forschungsprozess gehört, sich erst einmal alle Informationen anzueignen, die man rund um die gestellte Frage finden kann. Normalerweise hat

Abb. 2.1 Kekulé und die Formel des Benzen (© zabanski/Stock.adobe.com)

man spätestens jetzt Ideen, wie die Antwort lauten könnte. Solche Vermutungen werden in den Wissenschaften Hypothesen genannt. Und diese müssen nun überprüft werden.

Die Überprüfung passiert in den Naturwissenschaften durch Experimentieren. Mit Experimentieren meint man in der Regel das Durchführen eines Verfahrens, das Antworten auf die gestellte Frage liefern kann. In der Chemie können das Messungen sein oder auch das Gewinnen oder Herstellen von Stoffen, die dann weiter untersucht werden. Experimente liefern erst einmal blanke Fakten – und deren Interpretation dann neue Erkenntnisse. Auch hier gibt es verschiedene Möglichkeiten, je nach der Methode, die man eingesetzt hat. Es können Zahlen herauskommen oder Graphen oder auch neue Substanzen. Und diese Ergebnisse muss man dann verstehen, interpretieren und schauen, wie sie die gestellte Frage beantworten bzw. ob sie die aufgestellte Vermutung (Hypothese) bestätigen oder widerlegen. Das ist manchmal gar nicht so leicht festzustellen.

Fragen, die Du Dir beim Forschen stellen kannst:

- Was möchte ich eigentlich wissen?
- Welche Aussage möchte ich am Ende machen können?
- Was ist meine Vermutung?
- Welches Experiment könnte ich machen?
- Wie lautet meine genaue Frage?
- Wie lautet meine Hypothese?
- Wie kann ich diese Hypothese mit dem Experiment überprüfen?
- Was kann ich beobachten?
- Mit welcher Veränderung (Variable) kann ich diese Beobachtung beeinflussen bzw. verändern?
- Hat sich meine Hypothese bestätigt, oder habe ich sie widerlegt?
- Wie erkläre ich, was ich genau gemacht habe?
- Wie zeige ich, was ich beobachten konnte?
- Was könnte ich noch besser machen?
- Welche Frage/-n ist/sind offengeblieben oder neu entstanden?

2.2 Sichtbare Stoffe und unsichtbare Ursachen

Während der eben beschriebene „naturwissenschaftliche Erkenntnisweg" für alle Naturwissenschaften gleichermaßen gilt, gibt es natürlich auch „typisch chemische" Denkweisen. Im Gegensatz zu Physik oder Biologie versuchen Chemiker:innen zu erklären, warum die Stoffe dieser Welt so sind, wie sie sind. Welche Eigenschaften sie haben und wie man diese verändern kann.

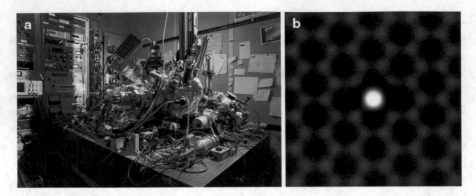

Abb. 2.2 (a) Rastertunnelmikroskop, (b) Silicium-Atom in einer Oberfläche aus Kohlenstoff-Atomen (a © Stan Olszewski/Ibm Research/Science Photo Library, b © ORNL/Science Photo Library)

Oder wie man neue Stoffe gewinnen kann. Die Antwort auf all diese Fragen finden Chemiker:innen, indem sie den Aufbau der Stoffe aus kleinsten Bausteinen betrachten. Diese Bausteine sind so klein, dass man sie nicht mit bloßem Auge sehen kann. Erst seit wenigen Jahren haben wir Geräte wie Rastertunnelmikroskope, mit denen man tatsächlich unter bestimmten Bedingungen ein Abbild dieser kleinsten Bausteine erzeugen kann (siehe Abb. 2.2).

Trotzdem gibt es die Chemie seit Jahrhunderten! Und in dieser Zeit haben Forscher:innen sehr viele chemische Fragen beantworten können. Wie haben sie das geschafft, wenn man die kleinsten Bausteine doch nicht sehen kann?

2.3   Enträtseln der „Blackbox"

Hier ein kleines Gedankenexperiment: Ihr legt einen Apfel auf einen Tisch, geht in einen anderen Raum und hört einen Plumps (vgl. Abb. 2.3). Vermutlich ist der Apfel vom Tisch gefallen. Um dies zu überprüfen, könnt ihr natürlich einfach nachschauen. Aber bleiben wir mal bei dem Gedankenspiel mit der „Blackbox": Nach Euch hat jemand den Raum abgeschlossen und Ihr habt keine Möglichkeit nachzuschauen. Ihr überlegt Euch also einen Weg, wie überprüft werden kann, ob der Apfel vom Tisch gefallen ist, ohne das Zimmer (die „Blackbox") zu betreten. Zuerst versucht Ihr, alle wichtigen Bestandteile des Raumes, in dem der Apfel vermutlich zu Boden gefallen ist, nachzustellen. Ihr wisst, dass Ihr dafür einen Tisch und einen Apfel braucht. Anschließend geht es darum, Eure Variablen festzulegen:

Abb. 2.3 Ist der Apfel vom Tisch gefallen? (© Annie Beauregard/Getty images/iStock)

1. Ihr könnt ungefähr die Höhe und Größe des Tischs abschätzen, da Ihr ihn erst letzte Woche in diesen Raum getragen habt.

2. Ihr schätzt, wie viel Zeit zwischen dem Ablegen des Apfels auf dem Tisch und dem Geräusch des Aufpralls vergangen ist.

3. Ihr wisst außerdem, wo Ihr den Apfel auf dem Tisch platziert habt und wie das Geräusch des Aufpralls war. Anschließend beginnt Ihr, Variablen festzulegen und Eure Hypothese Schritt für Schritt zu überprüfen. Da Ihr das Geräusch des Aufpralls noch gut im Kopf habt, lasst Ihr zuerst verschiedene Gegenstände vom Tisch rollen und überprüft Eure Hypothese. Ihr merkt, dass neben dem Apfel viele Eurer verwendeten Gegenstände dumpfe Geräusche beim Aufprall machen, könnt also nicht mit Sicherheit sagen, dass es der Apfel war, den Ihr gehört habt. Daraufhin legt Ihr die Gegenstände ebenfalls auf den Tisch und messt die Zeit bis zum Aufprall (siehe Abb. 2.4). Ihr stellt fest, dass einige Gegenstände viel länger bzw. kürzer brauchen, bis sie vom Tisch rollen. Der verwendete Apfel allerdings braucht genauso lange wie Eure geschätzte Zeit. Ihr wisst also, dass es mit hoher Wahrscheinlichkeit der Apfel war, der vom Tisch gefallen ist.

So ist das auch in der Wissenschaft: Je mehr verschiedene Bestätigungen man für eine Hypothese findet, umso wahrscheinlicher ist es, dass sie zutrifft. Und so haben die Chemiker:innen über Jahrhunderte gearbeitet: Sie haben sich auf der Grundlage der Fakten, die man schon kannte, immer neue logische Möglichkeiten ausgedacht, wie man Vermutungen über den genauen Aufbau der Materie überprüfen könnte. Und diese Experimente haben sie dann durchgeführt. Häufig haben sich ihre Hypothesen nicht bestätigt – was natürlich erst einmal (scheinbar) ärgerlich ist, aber tatsächlich sehr hilfreich

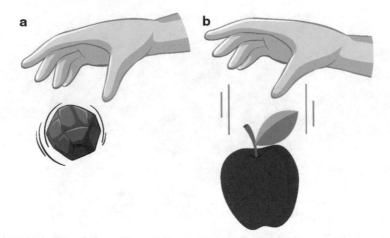

Abb. 2.4 Verschiedene Gegenstände fallen verschieden schnell (© blueringmedia/ Stock.adobe.com)

sein kann! Denn ein positives Ergebnis ist zwar eine Bestätigung, aber eben immer noch kein absolut sicherer Beweis. Es könnte ja immer noch eine andere Erklärung geben – auch wenn sie uns jetzt gerade (noch) nicht einfällt. Wenn das Experiment aber zeigt, dass meine Vermutung falsch war, ist dies ein eindeutiges Ergebnis! Insofern ist ein negatives Ergebnis ein gutes, weil eindeutiges Ergebnis. Sei also nicht frustriert, wenn Deine Hypothese sich als falsch herausstellt! Du hast ja trotzdem eine neue Antwort gefunden, die Dich und andere weiterbringt!

Auch wenn man auf naturwissenschaftlichem Weg keine eindeutigen Beweise finden kann, so gibt es doch inzwischen so viele Belege dafür, dass die Welt aus kleinsten Teilchen aufgebaut ist, dass wir dies guten Gewissens als wahr ansehen können. Und wir wissen so viel über die Eigenschaften dieser Teilchen, dass wir chemische Phänomene gut erklären und sogar voraussagen können. Logisches Denken bringt einen also sehr weit, auch wenn man in die „Blackbox" nicht direkt hineinsehen kann.

2.4   Eindeutigkeit durch Variablentrennung

Es gibt ein paar Tricks, die einem helfen, logische Schlussfolgerungen beim chemischen Experimentieren zu erreichen. Im Folgenden wollen wir ein paar dieser Tricks mit Dir durchgehen. Weil es immer mehr Spaß macht und man es außerdem leichter versteht, wenn man das Ganze selbst ausprobiert, haben wir uns dafür chemische Tüftelaufgaben überlegt. An diesen kannst Du die

Tricks ausprobieren und so wichtige Prinzipien chemischer Arbeitsweisen schon mal einüben.

Prinzip 1: Variablentrennung

Du führst ein Experiment durch und beobachtest, was passiert. Merke:
*Verändere immer nur **eine** Sache (= Variable) und lass alles andere gleich!*
Kannst Du nun eine Veränderung beobachten?

Wenn nein, solltest Du das Experiment wiederholen, um sicherzugehen, dass es kein zufälliger Fehler war.
Wenn sich weiterhin nichts verändert, dann war die Variable für Dein Experiment wohl nicht entscheidend und beeinflusst das Geschehen nicht.
Wenn man eine Veränderung des Ergebnisses beobachten kann, dann ist es recht wahrscheinlich, dass die Variable der Grund für diese Veränderung war! Finde eine neue Variable und verfahre genauso: Alles bleibt gleich, nur dieser neue Faktor wird verändert und dann beobachtet, ob ein (neuer) Effekt eintritt.

Tüftelaufgabe 1: Wie erzeugst Du den meisten Schaum?[1]
Such Dir die folgenden Dinge zusammen:

- Spüli
- Waschpulver
- Haushaltsnatron
- Backpulver
- Essig
- Zitronensaft
- ein möglichst enges, hohes Gefäß (z. B. Blumenvase)
- eine größere Plastikschüssel, in die man das Gefäß hineinstellen kann
- Esslöffel
- Messbecher
- Wasser

Stell das Gefäß in die Plastikschüssel, damit überquellender Schaum aufgefangen wird (siehe Abb. 2.5). Du sollst nun so viel Schaum wie möglich herstellen. Weil es sonst langweilig wäre, gibt es feste Regeln:

- Du darfst nicht rühren oder schütteln!
- Du darfst pro Rezept von allen Zutaten (außer Wasser) nur maximal 1 Esslöffel verwenden!
- Du kannst so viel Wasser benutzen, wie Du willst.

[1] Nach Gärtner und Scharf 2001.

Abb. 2.5 Versuchsanordnung „Wie erzeugst Du den meisten Schaum?"

Natürlich könntest Du jetzt einfach alles zusammenschütten, und wahrscheinlich würdest Du dabei Schaum produzieren. Dann weißt Du aber nicht, welche der Stoffe wirklich gebraucht werden und welche nicht! Die Antwort kannst Du finden, indem Du das Prinzip der Variablentrennung berücksichtigst!

Finde heraus:

• Welche der angegebenen Stoffe wirklich nötig sind, um Schaum zu erhalten.
• Wie man die Stoffe am besten kombiniert, um einen maximalen Schaum-Effekt zu bekommen.
• Welches mögliche Variablen sind, die man gleich halten oder verändern könnte.
• Überlege Dir, welche Variable Du pro Rezept veränderst.
• Notiere Dir jeweils Dein Rezept, die veränderte Variable und Deine Beobachtung, damit Du nicht den Überblick verlierst.

Es sei gleich gesagt, dass es nicht nur eine mögliche Antwort gibt! Einen Lösungsvorschlag und eine kurze Erklärung findest Du am Ende dieses Buches (Kap. 9).

2.5   Gegentesten mit Blindproben

Wenn man etwas überprüfen will, dann ist es immer am besten, wenn man vorher schon weiß, welche Beobachtung zu erwarten ist. Wenn ich ein Spiegelei brate, dann erwarte ich, dass das Eiklar in der Pfanne weiß wird und fertig ist, wenn keine durchsichtigen Bereiche mehr zu finden sind. Ich kenne also die Reaktion von Eiklar auf Hitze und kann sie erkennen. Wenn ich herausfinden will, ob man im Sommer ein Spiegelei auf der Motorhaube eines Autos braten kann, dann ist mein Test, ob das ganze Eiklar weiß wird oder nicht.

Prinzip 2: Blindproben

Merke: Die Eignung eines Tests kann man überprüfen, indem man ihn vorher ausprobiert:

a) einmal so, dass er auf jeden Fall etwas anzeigen muss (positive Blindprobe – ich erhitze also Eiklar in der Pfanne, weil ich erwarte, dass die Pfanne auf dem Herd heiß wird und Erhitzen zum Weiß-Werden des Eiklars führen müsste),

b) und einmal so, dass er nicht funktionieren dürfte (negative Blindprobe – ich gebe Eiklar ohne Erhitzen in eine Pfanne. Alle Variablen sind gleichgeblieben, nur die Temperatur unterscheidet sich. Das Eiklar bleibt durchsichtig – die negative Blindprobe ist eindeutig).

Tüftelaufgabe 2: Welches ist das Vitamin C?
Such Dir die folgenden Dinge zusammen:

- Wasser (kalt und heiß)
- evtl. Wasserkocher
- 10 Schnapsgläser oder Reagenzgläser mit Ständer
- 5 kleine Plastikschüsselchen
- mehrere Teelöffel
- Kaffeebecher oder Tasse
- Schwarzer Tee
- Saft aus einem Glas Blaukraut (möglichst kein Rotkohl)
- 1 Dose Vitamin C-Pulver (unbedingt)

Weitere weiße Pulver, z. B.:

- fein gemahlenes Kochsalz (1 TL)
- Haushaltsnatron oder Backpulver (1 TL)
- Puderzucker (1 TL)
- Tapetenkleister (1 TL)
- Kreidestaub oder Gips (1 TL)

Stell fünf Schnapsgläschen auf und fülle jedes mit einem Teelöffel (TL) eines weißen Pulvers, z. B. Haushaltsnatron, Kochsalz aus der Mühle, Puderzucker, gemahlene weiße Kreide, vor allem aber Vitamin C (siehe Abb. 2.6). Mische die Gläschen durcheinander, sodass Du nicht mehr weißt, in welchem welches Pulver enthalten ist. Nutze die Schälchen, um Deine Tests durchzuführen (Falls Du ausreichend Reagenzgläser hast, kannst Du natürlich auch diese benutzen).

Deine Aufgabe ist nun herauszufinden, welches das Vitamin C ist. Bei der Lösung dieser Aufgabe können eine positive Blindprobe und eine negative Blindprobe helfen:

Wenn Du Dir einen Test ausgedacht hast, führe ihn zunächst mit Vitamin C aus dem Vorratsgefäß durch. Dann weißt Du, wie ein positiver Nachweis aussehen muss (positive Blindprobe). Führe den gleichen Test dann mit einem Stoff durch, von dem Du weißt, dass es *kein* Vitamin C ist, z. B. Mehl. Wenn der Test geeignet ist, sollte keine Veränderung zu sehen sein (negative Blindprobe).

Auch hier kannst Du wieder Hintergrundinformationen am Ende des Buches finden.

Übrigens: Auch bei dieser Tüftelaufgabe solltest Du daran denken, das Prinzip der Variablentrennung einzuhalten! Und auch diesmal kann es sich

Abb. 2.6 Welches ist das Vitamin C? (© New Africa/Stock.adobe.com)

lohnen, mitzuschreiben, was man eigentlich zusammengemischt hat und was
zu sehen war – sonst verliert man schnell den Überblick.

2.6   Ein Qualitätskriterium für Forschung: Überprüfbarkeit

Das genaue Protokollieren ist nicht nur für Dich selbst wichtig. Es hilft auch
dabei, anderen das, was man eigentlich gemacht hat, zu erklären. Das Beschreiben und Weitergeben solcher Forschungsergebnisse ist eine Pflicht für
jede Forscherin und jeden Forscher. Erst dann, wenn ich meine Ergebnisse
offengelegt habe, sodass alle anderen sie nachvollziehen und diskutieren können, gelten sie in der Forschung als meine Ergebnisse. Das ist deshalb so, weil
man ja sonst alles Mögliche behaupten könnte und niemand überprüfen
kann, ob es stimmt. Das ist die große Stärke von naturwissenschaftlichen Erkenntnissen: Jeder und jede kann prinzipiell das Ganze nachmachen und
damit überprüfen, ob eine Behauptung wahr ist. Das heißt, echte naturwissenschaftliche Befunde haben einen harten „Fakten-Check" durch andere
Wissenschaftler:innen durchlaufen (siehe Abb. 2.7). Und das ist wiederum

Abb. 2.7   Forschungsergebnisse müssen durch andere Wissenschaftler:innen gegen-
gecheckt werden! (© mapo/stock.adobe.com)

Abb. 2.8 So dokumentieren, dass es jede:r nachmachen könnte! (© Krakenimages. com/stock.adobe.com)

der Grund, warum man wissenschaftlichen Aussagen eher trauen sollte als Behauptungen, die irgendjemand gemacht hat, ohne Belege vorweisen zu können.

Damit Deine Forschung einen Fakten-Check besteht, musst Du alles so beschreiben, dass man es jederzeit nachmachen könnte (siehe Abb. 2.8). Und zwar genau! Zum Beispiel die Behauptung, dass das Trinken von destilliertem Wasser tödlich ist, ist erst einmal „Fake News". Ich sterbe nicht daran, wenn ich zwei Schlucke destilliertes Wasser trinke! Wenn ich allerdings meinen gesamten Trinkwasserbedarf mit destilliertem Wasser decke, dann kann dies sehr wohl tödlich sein. Genauigkeit und Vollständigkeit sind also wichtig!

Tüftelaufgabe 3: Wie kann man am besten 10 ml Wasser mit einer Macadamianuss erhitzen?[2]
Such Dir die folgenden Dinge zusammen:

- Küchenwaage
- Stabfeuerzeug

---

[2] Nach einer Idee von Nina Szinicz und Robert Boscher, Elsa-Brändström-Gymnasium, München.

- Alufolie
- mehrere Teelichter im Aluschälchen
- kleines, hitzefestes Gefäß bzw. kleines Becherglas
- kleinen Messbecher oder Messzylinder
- Grillzange oder Tiegelzange zum Anfassen der brennenden Nuss
- Schaschlikstab
- Draht
- Schere
- Drahtverschluss von einer Sektflasche
- alten Teller als Unterlage
- 3 Macadamianüsse
- Wasser
- Stoppuhr

Macadamianüsse (siehe Abb. 2.9) sind so fetthaltig, dass man sie anzünden kann. Und man kann sie im Prinzip als Brennstoff zum Erhitzen von Wasser nehmen. Da man sie dabei schlecht in der Hand halten kann, benötigt man eine Halterung oder Ähnliches und muss sich eine sinnvolle Reihenfolge überlegen.

In den letzten Jahren haben viele Schüler:innen bei uns aus den Materialien in der Liste eine Anordnung entwickelt, mit der man 10 ml Wasser mit einer Macadamianuss als Brennstoff zum Kochen bringen kann (siehe Abb. 2.10). Das Stabfeuerzeug soll nur benutzt werden, um die Nuss anzuzünden. Achtung! Führe alle Experimente nur auf dem alten Teller durch! Falls Du langes Haar hast, binde es vorher zusammen.

Abb. 2.9 Macadamianüsse

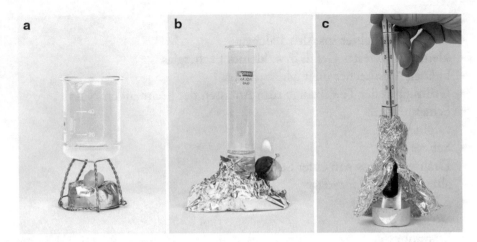

Abb. 2.10 Wie erhit man 10 ml Wasser mit einer Macadamianuss? Die Schüler:innen in unseren Laboren haben schon viele verschiedene Möglichkeiten ausprobiert – hier einige davon (a, b und c).

Den Kindern und Jugendlichen sind sehr viele verschiedene Apparaturen eingefallen – aber nicht alle waren gleich gut! Untenstehend findest Du drei Beschreibungen einer solchen Apparatur. Versuche, diese mit den Anleitungen nachzubauen. Welche Informationen fehlen? Welche Apparatur erhitzt das Wasser am schnellsten?

Bitte beachte, dass die Nüsse ja verschieden groß sind! Du musst also die Nüsse vorher wiegen und dann die Zeit, die bis zum Kochen vergangen ist, dazu ins Verhältnis setzen. Im Buch-Anhang findest Du unsere Ideen dazu (Kap. 9).

Apparat 1:
Man baut aus Draht ein Gestell, auf das man das Glas stellen kann und unter das die Nuss passt. Man füllt das Wasser in das Becherglas. Die Nuss wird auf den Teller gelegt und mit dem Stabfeuerzeug angezündet. Dann legt man sie mit der Grillzange schnell unter das Becherglas. Ab diesem Moment wird die Zeit gestoppt, bis das Wasser kocht.

Apparat 2:
Aus Alufolie wird eine Halterung für die Macadamianuss gebaut. Mit dem Schaschlikstab piekst man Löcher hinein, damit Sauerstoff zum Brennen an die Nuss kommt. Man stellt den Alubecher von einem Teelicht darauf und füllt das abgemessene Wasser hinein. Man legt das Teelicht auf den Teller und zündet es an. Mit der Grillzange hält man die Nuss an die Flamme, bis sie brennt. Dann startet man die Stoppuhr und misst die Zeit, bis das Wasser kocht.

Apparat 3:

Man stellt den Drahtverschluss von einer Sektflasche so auf den Teller, dass der größere Kreis unten ist und der kleinere oben. Man baut aus Alufolie eine kleine Schale und stellt sie auf die Sektverschlusshalterung. 10 ml Wasser werden mit dem Messbecher abgemessen und in die Schale gefüllt. Jetzt nimmt man das Schälchen von einem Teelicht und legt die Nuss hinein. Das Ganze stellt man auf den Teller und zündet die Nuss mit dem Stabfeuerzeug an. Dann stellt man das Teelicht-Schälchen mit der Nuss zwischen die Drähte der Sektverschlusshalterung unter das Schälchen mit dem Wasser. Das sollte möglichst schnell gehen. Sobald alles steht, wird die Zeit gemessen, die vergeht, bis das Wasser kocht.

3

Nur noch „öko" leben oder im Plastik schwimmen? – ein scheinbares Dilemma

Schildkröten, die vom Plastik erwürgt werden, Wale, deren Mägen einem Müllauto gleichen, und Flüsse, an deren Ufer man den halben Supermarkt findet. Solche Bilder sehen wir immer häufiger. Andererseits kommt kein Skateboard ohne Wheels aus, und selbst gestrickte Hoodies aus Öko-Wolle sind auch nicht so prickelnd …

Photo courtesy of the Missouri Department of Conservation

Die Originalversion des Kapitels wurde revidiert. Ein Erratum ist verfügbar unter
https://doi.org/10.1007/978-3-662-67349-2_10

„Plastik" ist unser umgangssprachlicher Begriff für verschiedenste Kunststoffe. Unter Kunststoffen verstehen wir wiederum Materialien, die in der Natur so nicht vorkommen, sondern erst vom Menschen hergestellt wurden. Inzwischen sind Kunststoffe die am vielfältigsten eingesetzten Werkstoffe überhaupt. Warum?

Das Besondere an Kunststoffen ist, dass sie ganz verschiedene Eigenschaften haben können (siehe Abb. 3.1). Welche das sind, lässt sich durch die gezielte Auswahl der Ausgangsmaterialien, aus denen man sie herstellt, und durch Zusatzstoffe steuern. Auf diese Weise kann man genau den Kunststoff erhalten, dessen Eigenschaften man für eine bestimmte Anwendung benötigt. Wie geht das?

Allen Kunststoffen gemeinsam ist, dass sie aus „lang gestreckten" und riesigen Molekülen aufgebaut sind. Diese kann man sich als lange Ketten vorstellen, die meistens aus nur einer oder zwei Sorten von Perlen bestehen.

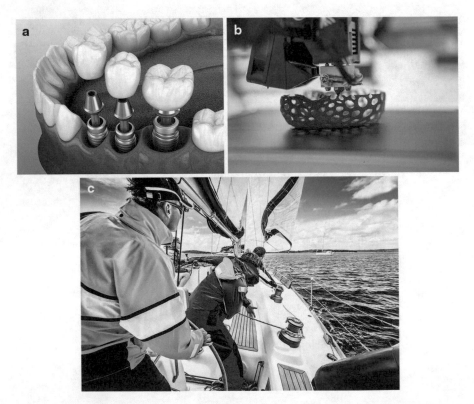

Abb. 3.1   (a) Die Eigenschaften der Kunststoffe lassen sich gezielt verändern. So entstehen Hochleistungs-Werkstoffe für die Medizin … (b) für maßgeschneiderte Bauteile … (c) … oder für die Extrembelastung im Sport (a © Alex Mit/stock.adobe.com, b © kynny/Getty images/iStock, c © mbbirdy/Getty Images/iStock)

Solche Einzelbausteine nennt man „Monomer", die gesamte lange Kette heißt „Polymer". Diese Polymer-Ketten liegen dann eng beieinander oder sind untereinander an verschiedenen Stellen verknüpft. Je nach Art und Verknüpfung der Ketten entsteht eine andere chemische Struktur – und die Struktur bestimmt dann, welche Eigenschaften der Kunststoff hat.

Im Hinblick auf die Eigenschaften unterscheidet man drei Gruppen von Kunststoffen, je nachdem, wie der Kunststoff auf Wärme oder auf mechanische Einwirkung reagiert:

- Kunststoffe, die bei Erwärmen weich und formbar werden bzw. schmelzen, nennt man *Thermoplaste*,
- *Duroplaste* sind hart, spröde und auch bei Erwärmen nicht verformbar und
- *Elastomere* sind flexibel wie Gummi, also durch Druck oder Dehnung kurzzeitig verformbar, sie schmelzen aber nicht, wenn man sie erwärmt.

Die Eigenschaften eines Kunststoffs werden also durch seinen inneren Aufbau bestimmt (siehe Abb. 3.2). Umgekehrt kann man durch Veränderung der chemischen Struktur die Eigenschaften kontrolliert beeinflussen – im Prinzip. In der Realität ist es oft ein langer Weg, bis man Kunststoffe entwickelt hat, die genau die Kombination von Eigenschaften haben, die man für eine bestimmte Anwendung benötigt. Und Eigenschaften wie die lange Haltbarkeit von Kunststoffen sind nicht an jeder Stelle gleich wünschenswert: Während wir froh sind, dass unsere Pfanne durch die Teflon-Beschichtung ohne Fett auskommt und lange hält, werden wir am Lebensende der Pfanne diesen Kunststoff nur schwer wieder los!

Manche Kunststoffe kann man wiederverwerten (recyceln). Thermoplaste zum Beispiel kann man einschmelzen und dann ein neues Produkt daraus machen. Im Prinzip. Denn in der Realität scheitert dies oft daran, dass die Kunststoffe erst aufwendig und sortenrein aus dem Müll heraussortiert werden müssten. Weitere Möglichkeiten neben dem Recycling sind die Zerlegung der Kunststoffe in ihre chemischen Bestandteile, die man dann für

Thermoplast   Duroplast   Elastomer

Abb. 3.2 Chemischer Aufbau von Thermoplasten, Duroplasten und Elastomeren

neue Synthesen verwendet, oder eine energetische Verwertung, also ein Verbrennen. Das alles ist aufwendig, und die Infrastruktur dafür ist nicht in allen Ländern vorhanden. Daher wird weltweit bis heute nur ein kleiner Teil der Kunststoff-Abfälle verwertet – der Rest landet für Jahrhunderte in der Umwelt.

Ein weiteres Problem im Zusammenhang mit Kunststoffen sind die Rohstoffe, aus denen man sie herstellt. Typische Ausgangsstoffe hierfür sind Erdöl, Erdgas und Kohle. Alle diese Rohstoffe gehen in absehbarer Zeit weltweit zur Neige. Außerdem belastet das Verbrennen von Kunststoffen unsere Atmosphäre mit klimaschädlichem Kohlenstoffdioxid und sonstigen Abgasen. Daher versucht man immer häufiger, nachwachsende Rohstoffe zur Kunststoffherstellung einzusetzen (siehe Abb. 3.3). Man spricht dann von Bio-Kunststoff.

Unter nachwachsenden Rohstoffen versteht man ganz allgemein Stoffe aus Pflanzen, die industriell genutzt werden können. Ein typisches Beispiel für einen natürlichen Rohstoff, aus dem man Kunststoffe herstellen kann, ist Stärke. Man kann sie z. B. aus Mais oder Kartoffeln gewinnen. Darin liegt aber gleichzeitig ein Problem, denn diese Rohstoffe stehen dann nicht mehr als Nahrungsmittel zur Verfügung. Dafür sind Bio-Kunststoffe in der Regel kompostierbar. Geraten sie in die Natur, werden sie biologisch abgebaut – und zwar viel schneller als unsere bisherigen Kunststoffe. Zum Vergleich: Ein

Abb. 3.3 Häufig kann Plastik aus Erdöl durch Plastik aus regenerierbaren Quellen ersetzt werden (© Ivan Bajic/Getty images/iStock)

Plastikring um eine Schildkröte, der aus Polyethylen (PE) besteht, benötigt ca. 450 Jahre, um zu zerfallen. Ein Stück vergleichbarer Bio-Kunststoff ist nach drei Monaten in den natürlichen Stoffkreislauf zurückgekehrt.

3.1 Methoden-Training 1: Umweltbewusst ohne Plastikverlust? Herstellung eines Biokunststoffs

3.1.1 Was brauchst Du?

- altes Waffeleisen
- kleiner, alter Topf
- Teelöffel
- Küchenwaage
- hitzefester Pinsel (Backpinsel)
- Kartoffelmehl
- Guarkernmehl
- hitzefestes Speiseöl (Rapsöl, Sonnenblumenkernöl)
- Lebensmittelfarbe
- Wasser

Tipp: Guarkernmehl kann man als Bio-Produkt in dafür spezialisierten Geschäften kaufen oder im Internet bestellen.

3.1.2 Wie gehst Du vor?

Schalte das Waffeleisen ein und stell es auf die höchste Temperaturstufe (siehe Abb. 3.4). Wiege mit der Waage 30 g Kartoffelstärke ab und gib einen halben Teelöffel Guarkernmehl hinzu. Verrühre das Gemisch mit einem Löffel.

Erhitze in einem kleinen Topf 60 ml Wasser bis zum Sieden. Gib anschließend das Gemisch aus Guarkern- und Kartoffelmehl portionsweise hinzu und rühre so lange, bis sich eine gleichmäßige (homogene) Masse gebildet hat.

Fette das Waffeleisen mit etwas Speiseöl und einem Pinsel ein. Verteile die Masse nun flächig auf dem Waffeleisen, schließ den Deckel und warte zehn Minuten. Es kann hilfreich sein, für eine Weile auf den Deckel zu drücken. Öffne anschließend das Waffeleisen und nimm den fertigen Kunststoff heraus (Vorsicht, heiß!). Solange er noch warm ist, kannst Du ihm eine Form geben.

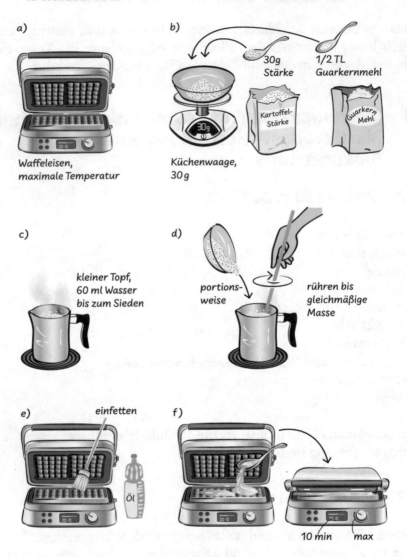

a) Waffeleisen, maximale Temperatur

b) 30g Stärke   1/2 TL Guarkernmehl
Kartoffel-Stärke   Guarkern Mehl
Küchenwaage, 30g

c) kleiner Topf, 60 ml Wasser bis zum Sieden

d) portions-weise   rühren bis gleichmäßige Masse

e) einfetten   Öl

f) 10 min   max

Abb. 3.4 Versuchsablauf für die Herstellung von Bio-Kunststoff

3.1.3 Was kannst Du beobachten?

Bei der Lösung des Gemisches aus Kartoffelmehl und Guarkernmehl in Wasser entsteht eine homogene Masse. Während des Erhitzens im Waffeleisen beginnt sich diese Masse auszudehnen und hebt den Deckel des Waffeleisens leicht an. Nachdem der Kunststoff aus dem Waffeleisen genommen wurde und abkühlt, beginnt er wieder zu schrumpfen. Die Kunststoffwaffel ist noch einige Zeit weich und formbar und härtet erst nach einigen Stunden aus.

Abb. 3.5 Ausformen des Bio-Kunststoffs

Tipp: Drück den warmen Kunststoff über eine kleine Schüssel, dann nimmt er beim Aushärten deren Form an. Am leichtesten geht das, wenn Du die kleinere Schüssel umdrehst, die Waffel darauflegst und mit einer passenden, größeren Schüssel das Ganze in Form drückst (siehe Abb. 3.5).

3.1.4   Was ist der Grund dafür, was ist passiert?

Kartoffelmehl besteht aus Stärke, die aus Kartoffeln extrahiert (gewonnen) wurde. Dazu wurden die Kartoffeln zuerst zerrieben, dann mit Wasser ausgewaschen und schließlich zu einem Pulver getrocknet. Stärke ist ein natürliches Polymer, also ein natürlich vorkommender chemischer Stoff, bestehend aus sehr langkettigen Kohlenhydrat-Molekülen. Das gilt auch für das Guaran als Hauptbestandteil des Guarkernmehls, das als Binde- oder Verdickungsmittel vielen Lebensmitteln zugesetzt wird.

Die Vorgänge bei der Herstellung Deines Biokunststoffs beruhen auf Lösungs- und Trocknungsvorgängen. Dabei nutzt Du die Quelleigenschaften von Stärke aus. Stärke quillt mit Wasser auf, die Wärme beschleunigt diesen Prozess. Gleichzeitig bindet Guaran einen Teil des Wassers und sorgt als Bindemittel dafür, dass Du einen einheitlichen, recht harten, aber nicht spröden Kunststoff bekommst. Die Stärke selbst wird dabei chemisch nicht verändert.

3.1.5   Was du wissen solltest

Guarkernmehl wird aus den Samen der Guarbohne gewonnen (siehe Abb. 3.6). Diese Pflanze wird hauptsächlich in Indien und Pakistan angebaut. Das

Abb. 3.6   Guarbohne (*Cyamopsis tetragonoloba*) (© VAGGAS/stock.adobe.com)

gewonnene Mehl muss also vor seinem Einsatz als Lebensmittelzusatzstoff zunächst nach Deutschland transportiert werden.

3.1.6   Sicherheitshinweise und Entsorgung

- Beim Umgang mit dem Waffeleisen musst Du vorsichtig sein. Denk daran, dass es sehr heiß wird, und benutze eventuell einen Topflappen. Denk auch daran, dass es einige Zeit dauert, bis das benutzte Waffeleisen wieder abgekühlt ist.
- Die hergestellten Biokunststoffe entsorgst Du über den Restmüll.

3.2   Methoden-Training 2: „Genialer Guarkern-Gummi" – ein Gummiball aus natürlichen Zutaten

3.2.1   Was brauchst Du?

- kleine Schüssel
- Teelöffel
- Guarkernmehl
- Wasser

3.2.2 Wie gehst du vor?

Mische einen Teelöffel Guarkernmehl mit gerade so viel Wasser, dass eine zähe Masse entsteht (siehe Abb. 3.7). Gib dafür das Wasser portionsweise zum Guarkernmehl hinzu und vermische alles gut.

Forme mit den Händen einen Ball aus dem Brei und lass ihn für mindestens 10 Minuten trocknen.

Nimm dann den fertigen Ball und wirf ihn auf den Boden.

Tipp: Man muss das richtige Mischungsverhältnis und die richtige Trockenzeit herausfinden – je nach verwendeten Substanzen und Temperatur kann dies etwas verschieden sein. Ausprobieren! Wer erschafft den besten Flummi?

3.2.3 Was kannst Du beobachten?

Der selbst hergestellte Gummiball hüpft vom Boden mehrmals auf und ab.

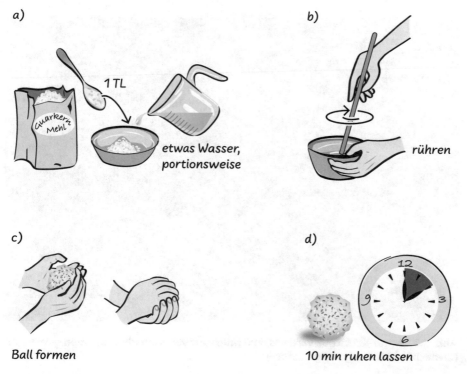

a)

1 TL

Guarkern Mehl

etwas Wasser, portionsweise

b)

rühren

c)

Ball formen

d)

12
9   3
6

10 min ruhen lassen

Abb. 3.7 Herstellung eines Gummiballs

3.2.4 Was ist der Grund dafür, was ist passiert?

Zwischen den langen Guaran-Ketten, aus denen das Guarkernmehl hauptsächlich besteht, kann sich Wasser einlagern und gebunden werden. Das Mehl quillt auf und wird dadurch weich und formbar. Da die Ketten aber untereinander nicht vernetzt sind, werden beim Zusammenstoß mit dem Boden die Wasser-Teilchen zwischen den Guaran-Teilchen verdrängt, können aber nicht entweichen. Der Ball wird lediglich verformt. Danach kehren die Wasser-Teilchen und die Polymerketten so kraftvoll wieder in ihre ursprüngliche Form zurück, dass der Ball vom Boden weggeschleudert wird.

3.2.5 Was Du wissen solltest

Was wir im Alltag „Gummi" nennen, ist meist Natur-Kautschuk. Dieser wird aus dem Saft des Kautschuk-Baums gewonnen (siehe Abb. 3.8). Verschiedenste Pflanzen geben bei Verletzung Säfte ab, die an der Luft fest werden und dann

Abb. 3.8 Natur-Kautschuk wird aus dem Milchsaft von Kautschuk-Bäumen gewonnen (© mochilo0287/Getty images/iStock)

elastisch sind. Sogenanntes „Gummi arabicum" zum Beispiel wird aus verschiedenen afrikanischen Akazien-Sorten gewonnen. Die alten Ägypter nutzten es bereits für die Einbalsamierung ihrer Toten oder als Klebstoff. Auch unsere heimischen Steinobst-Bäume geben Harze ab, die mit Wasser eine Art Gummi bilden (z. B. das Kirschgummi). Natürliche Harze bestehen aus langen Ketten (Polymeren), die wiederum aus verschiedenen Zucker-Bausteinen (Monomeren) aufgebaut sind. Bei der Produktion von Kunststoffen entstehen oft harzartige Zwischenprodukte.

3.2.6 Sicherheitshinweise und Entsorgung

Vorsicht mit der Paste aus Guarkernmehl (Guarkerngummi), sie lässt sich aus dem Topf nur schwer wieder entfernen. Am besten verwendest Du einen alten Topf, bei dem das nicht so schlimm ist!

3.3 Weiterforschen zu nachhaltigen Kunststoffen

Ideen zum Weiterforschen

- Findest Du eine heimische Alternative zum Guarkernmehl?
- Kann man auch verschiedenfarbige Kunststoffe herstellen?
- Sind die hergestellten Kunststoffe Thermoplasten, Elastomere oder Duroplasten?
- Kann der Ball austrocknen, oder könnte man ihn im Ofen schnelltrocknen?
- Kann man auch andere Flüssigkeiten als Wasser verwenden?
- Kann man das Guarkernmehl durch andere pflanzliche Harze oder Gummis ersetzen?
- Kann man das Rezept so variieren, dass der Flummi noch besser hüpft – und wie kann man das standardisiert testen?

Zutaten für Dein Weiterforschen
Die Haushaltsmittel und Apotheken-Produkte in Tab. 3.1 können wir Dir für Dein Weiterforschen und die Entwicklung eines Bio-Kunststoffs mit den idealen, von Dir gewünschten Eigenschaften empfehlen.

Tipps:

- Erinnere Dich daran, dass die chemische Struktur eines Stoffs die Eigenschaften bedingt! Es sollte also so sein, dass ähnlich aufgebaute Stoffe auch ähnliche Eigenschaften haben!
- Zum Erhitzen kann man nicht nur ein Waffeleisen benutzen – natürlich funktioniert dafür auch ein Backofen oder ein Fön etc. Bitte bedenke aber dabei, dass ein nicht optimiertes Rezept sowohl Waffeleisen als auch Ofen ziemlich verkleben kann! Es lohnt sich also, mit alten Geräten oder einer Unterlage zu arbeiten!

Tab. 3.1 Haushaltmittel und Apotheken-Produkte zum Weiterforschen

Name	Verwendung	Aufbau/Eigenschaften
Gelatine	Geliermittel	Gemisch aus Eiweißen
Glycerin	Schmierstoff, Weichmacher, Lebensmittelzusatzstoff	dreiwertiger Alkohol farblose, zähe Flüssigkeit
Guarkernmehl	Binde- und Verdickungsmittel in Lebensmitteln	langkettiges Polymer auf Zuckerbasis
Gummi arabicum	Füll- und Verdickungsmittel in Lebensmitteln	langkettiges Polymer auf Zuckerbasis
Haushaltnatron	Triebmittel in Lebensmitteln	ein Salz
Holzleim	Klebstoff	Hauptbestandteil: Milcheiweiß
Kartoffelmehl	Andicken von Lebensmitteln	langkettiges Polymer auf Zuckerbasis
Lebensmittelfarbe	u. a. zum Färben von Lebensmitteln	chemisch sehr verschieden
Maisstärke	Bindemittel	langkettiges Polymer auf Zuckerbasis
Sisal	Herstellung von Tauen	Pflanzenfasern aus Cellulose
Soßenbinder	Andicken von Flüssigkeiten	langkettiges Polymer auf Zuckerbasis
Speiseöl	Nahrungsmittel, Trennmittel	langkettige Fettsäureester

4

Glitzer, Lack und Glamour – auf Kosten der Umwelt?

© David Harris, Royal Botanic Garden Edinburgh,
copyright remains with RBGE

> **„Glanz und Gloria"**
>
> Kein Laufsteg, keine Oscar-Verleihung und kein Kosmetikregal kommen ohne
> Glitzer aus. Man findet ihn in Lidschatten oder Nagellack, es gibt ihn aber auch
> in essbaren Varianten zum Dekorieren von Kuchen oder Cupcakes. Solch „Glanz
> und Gloria" kennt die Natur seit Jahrmillionen – auf den Federn von Vögeln, auf
> Schmetterlingsflügeln, aber auch in der Pflanzenwelt. Die Beeren des ansonsten
> eher unauffälligen afrikanischen Waldbodengewächses *Pollia condensata* zum
> Beispiel können mit jeder Metallic-Lackierung an Autos mithalten (s. oben).

Die Originalversion des Kapitels wurde revidiert. Ein Erratum ist verfügbar unter
https://doi.org/10.1007/978-3-662-67349-2_10

© Der/die Autor(en), exklusiv lizenziert an Springer-Verlag GmbH, DE, ein Teil von
Springer Nature 2023, korrigierte Publikation 2024
K. Weirauch et al., *Glibber, Glimmer, Laserschwerter: Chemie-Experimente zuhause*,
https://doi.org/10.1007/978-3-662-67349-2_4

Im Gegensatz zu Schmetterlingsflügeln oder Beeren sind die Glitzerpartikel aus unserer Kosmetik oder auf unseren Kuchen aber alles andere als natürlich. Häufig bestehen sie aus kleinsten Plastikkrümeln, die beim Abduschen der Kosmetik ins Abwasser gelangen. Werden sie aus diesem nicht herausgefiltert, landen sie als Mikroplastik in unseren Meeren. Dort schillern sie zwar weiter vor sich hin, belasten aber die Gewässer, weil sie von Tieren gefressen und in deren Körpern angereichert werden können. Inzwischen enthalten manche Produkte umweltfreundliche Alternativen. Aber wie kann man herausfinden, ob Glitzer aus Nagellack, Deko-Geschäft oder Lebensmittelregal biologisch abbaubar oder ökologisch bedenklich ist?

© Image Source/Getty images/iStock

Wie entsteht „Glanz"?

Zunächst scheint die Antwort einfach: Eine Oberfläche glänzt, wenn sie so glatt ist, dass sie darauf strahlendes Licht zu großen Teilen zurückwirft (reflektiert) und dabei das Licht nicht gestreut wird (siehe Abb. 4.1). Was unterscheidet dann eine glänzende Oberfläche von einem Spiegelbild?

Damit ein glänzender Eindruck und nicht eine Spiegelung herauskommt, muss außerdem das einfallende Licht möglichst in einem Strahl gebündelt sein, sodass ein „Highlight" entsteht (siehe Abb. 4.2). Die Position dieses Highlights wird von jedem unserer Augen an einer etwas anderen Stelle und unterschiedlich hell wahrgenommen. Außerdem scheinen die Farbe und auch die Bewegung des Gegenstands oder des Betrachters eine Rolle bei der Wahrnehmung von Glanz zu spielen.

Letztlich ist nicht abschließend geklärt, wie man Glanz definieren oder messen kann. Das ist nicht überraschend, wenn wir uns überlegen, wie unterschiedlich die Dinge aussehen, die wir alle als glänzend bezeichnen: eine me-

Abb. 4.1 Auf einer glatten Oberfläche spiegelt das Licht Gegenstände (© image-depotpro/Getty images/iStock)

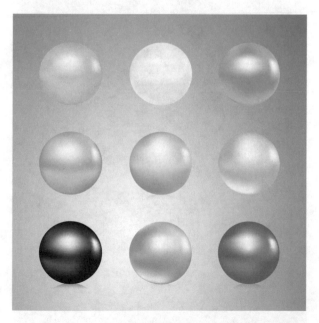

Abb. 4.2 Bei gebündeltem Licht entsteht auf glatten Oberflächen ein „Highlight"
(© NaJaa99/stock.adobe.com)

tallische Oberfläche, ein geschliffener Diamant oder die glatte Seite einer Porzellantasse. Einfluss auf unsere Wahrnehmung von Glanz haben also viele Faktoren und nicht zuletzt die persönliche Meinung jedes Betrachters.

Als glitzernd empfinden wir Dinge dann, wenn sie viele kleine glänzende Oberflächen haben. Bei Bewegung fällt das Licht dann mal auf die eine und mal auf die andere Oberfläche, sodass immer neue Highlights aufblitzen. Wir kennen den Effekt von einem Paillettenkleid, von den Kristallen in Pulverschnee oder dem Glitzer in Nagellack, Lidschatten oder Haarspray (siehe Abb. 4.3).

Woraus besteht „Glitzer"?
Die meisten Glitzerpartikel in Kosmetik bestehen aus mehreren Schichten: Den Kern bildet eine dickere Kunststofffolie. Darauf liegt eine Schicht dün-

Abb. 4.3 Durch die vielen Highlights glitzert das Paillettenkleid (© pkripper503/Getty images/iStock)

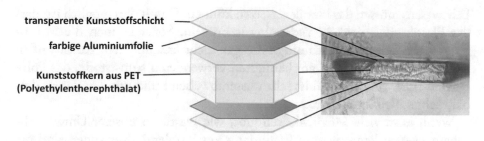

transparente Kunststoffschicht

farbige Aluminiumfolie

Kunststoffkern aus PET
(Polyethylentherephthalat)

Abb. 4.4   Die meisten Glitzerpartikel sind aus mehreren Schichten aufgebaut. (Bild: Alexander S. Tagg, Juliana A. Ivar do Sul, Is this your glitter? An overlooked but potentially environmantally-valuable microplastik. In: Marine Pollution Bulletin 146 (2019) 50–53)

ner Aluminiumfolie, die wiederum durch eine dünne Plastikfolie geschützt wird (siehe Abb. 4.4). Hauptbestandteil der kleinen Glanzpunkte ist also Plastik. Und da sie kleiner als 5 Millimeter sind, gehören sie zum (primären) Mikroplastik. Dass Mikroplastik für die Umwelt schädlich ist, hast Du sicher bereits gehört.

Wann sind Kunststoffe umweltverträglich?
Als „umweltverträglich" kann man Kunststoffe vereinfacht dann bezeichnen, wenn sie in der Natur nicht schädlich wirken und letztlich zu natürlich vorkommenden Stoffen abgebaut werden können. Dabei gibt es mehrere Wege für diesen Abbau:

Erstens können Kunststoffteile durch Stöße oder Reibung zerkleinert werden (mechanische Zersetzung). Dabei entstehen immer kleinere Partikel, die ab einem Durchmesser von unter 5 Millimetern als „Mikroplastik" bezeichnet werden, genauer: als sekundäres Mikroplastik (weil es erst später dazu wurde). Primäres Mikroplastik sind Kunststoffteilchen, die von vornherein entsprechend klein waren und als solche in die Natur gelangt sind – zum Beispiel als Zusatz von Peelings oder eben als Glitzer. Zum Zweiten kann es durch Druck oder Temperaturänderungen in der Natur zu einer physikalischen Zersetzung von Kunststoffen kommen. Das Plastik wird dadurch zum Beispiel brüchiger. Schließlich können UV-Licht oder die Reaktion mit Sauerstoff zum chemischen Abbau von Kunststoffen führen.

Und letztlich können Kunststoffe prinzipiell auch biologisch abgebaut werden. Das bedeutet, dass sie von Tieren wie Würmern oder Insekten, vor allem aber von Bakterien und Pilzen gefressen und verdaut werden. Ob es in den Lebewesen zu einer Verdauung kommen kann oder ob der Kunststoff wieder ausgeschieden wird, hängt von zwei Faktoren ab: Die Verdauungsenzyme des

Lebewesens müssen das Plastik zersetzen können. Damit dies möglich ist, darf das Plastik aber nicht zu wasserabweisend sein. Sonst können die Mikroorganismen oder die Verdauungssäfte gar nicht erst mit dem Kunststoff in Kontakt treten. Einer der am häufigsten verwendeten Kunststoffe, das Polyethylen (PE), zum Beispiel ist sehr wasserabweisend und unter anderem deshalb sehr schlecht abbaubar.

Wenn es so viele Möglichkeiten gibt, wie Plastik in unserer Umwelt abgebaut werden kann, warum ist es dann ein Problem? Zum einen sind die Mengen, die in die Umwelt gelangen, schlichtweg riesig: Man schätzt, dass 1 Mrd. Plastiktüten aus PE pro Jahr hergestellt werden. Über die Flüsse gelangen große Mengen dieser Tüten in die Meere. Auf einer Weihnachtsparade in den USA wurden 2011 fast 70 kg Glitzer verwendet! Da die Glitzerpartikel sehr klein sind, ist es unmöglich, sie wieder zu sammeln und zu recyceln (Das Problem kennt jeder, der schon mal mit Glitzer gebastelt und dieses verschüttet hat).

Zum anderen passieren alle beschriebenen Abbauvorgänge zwar, aber sie dauern sehr lange. Wissenschaftler:innen gehen davon aus, dass alles Mikroplastik, das Menschen bisher ins Meer entlassen haben, noch dort ist – es ist einfach noch nicht genügend Zeit vergangen, um die Stücke abzubauen (siehe Abb. 4.5). Um dieses Problem anzugehen, hat man inzwischen viele kompostierbare Kunststoffe entwickelt, die mit Wasser gut in Kontakt treten und von Mikroorganismen innerhalb weniger Jahre oder sogar Monate kompostiert werden können.

Umweltfreundliche Glitzer-Alternativen
Wer die Umwelt nicht noch mehr belasten und trotzdem nicht auf ein wenig Glitzer und Glamour verzichten will, für den gibt es inzwischen umweltschonende Alternativen (siehe Abb. 4.6). Aus Gelatine, wie sie für Kuchenguss benutzt wird, kann man essbaren Glitzer herstellen. Gelatine ist ein natürlicher Stoff, der von vielen Menschen in Gummibärchengestalt problemlos „vernichtet" wird. Andere Produzenten verwenden fein gemahlenes Silber, z. B. als Überzug von Zuckerperlen. Das Metall kommt in der Natur als Reinstoff vor und richtet in unserem Bauch und in der Umwelt keinen Schaden an.

Aus Cellulose kann man ebenfalls einen Kunststoff herstellen, der sich als Kern für Glitzerpartikel eignet. Cellulose ist Bestandteil jeder Pflanze und kann daher von Mikroorganismen verdaut werden. Auch die Aluminiumschicht des Öko-Glitzers richtet, ähnlich wie das Silber, wenig Schaden an, wenn sie in die Umwelt gerät. Nur die Außenschicht der Öko-Partikel wird nach wie vor aus konventionellem Kunststoff hergestellt.

Abb. 4.5 Es wird Jahrhunderte dauern, bis dieses Plastik abgebaut ist (© Richard Carey/stock.adobe.com)

Abb. 4.6 Glitzer-Produkte

Abb. 4.7 Glimmer, ein Schichtsilikat, das auch Mica genannt wird, wird in der Kosmetik eingesetzt (© Jimena Terraza/Getty images/iStock)

Manche Hersteller erreichen einen Glitzereffekt in Kosmetika, indem sie natürlichen oder künstlich hergestellten Glimmer zusetzen. Glimmer ist ein glitzerndes Mineral, das für Organismen unschädlich ist (siehe Abb. 4.7). Allerdings wird es häufig in Drittweltländern mit starken Eingriffen in die Natur und durch die Arbeit von Kindern abgebaut.

Äußerlich lässt sich kaum unterscheiden, woraus der Glitzer in Lebensmitteln oder Kosmetika aufgebaut ist. Tatsächlich kann man auch Glitzer als Kuchen-Deko kaufen, der aus Plastik besteht – das von uns eben unverdaut wieder ausgeschieden wird. Mit den folgenden Methoden kann man Glitzer herausfiltern, untersuchen und so Hinweise darauf finden, ob man potenziell schädliches Mikroplastik gekauft hat oder eine umweltverträgliche Alternative.

4.1 Methoden-Training 1: Gewinnen von Glitzer aus verschiedenen Produkten

4.1.1 Was brauchst Du?

- alte Trinkgläser
- alter Teller
- Teelöffel
- kleines verschließbares Gefäß (kleines Marmeladenglas, altes Medikamentenglas)
- mehrere alte Marmeladengläser mit Deckel
- Etiketten und Stift
- Pipette (z. B. aus einem alten Medizinfläschchen)
- Küchenkrepp
- Kaffeefilter und Kaffeefilterpapier
- Nagellack mit Glitzer
- Aceton-freier Nagellackentferner
- weitere Produkte mit Glitzer, z. B. Haargel, Kuchen-Deko, Deko-Glitzer aus Bastelbedarf
- Micellenwasser (ein Kosmetikprodukt – möglichst eines ohne erkennbare Öl-Schicht)

4.1.2 Wie gehst Du vor?

Zunächst testet man, ob das Produkt wasserlöslich ist.

Wassertest
Hierfür gibt man etwas Wasser in ein Trinkglas und gibt wenige Tropfen oder Brösel des Produkts, das man testen will, dazu. Man rührt mit dem Teelöffel um und beobachtet, ob die Glitzerpartikel frei im Wasser schweben oder ob das Produkt als Tropfen im Wasser erhalten bleibt.

Je nachdem, wie der Wassertest ausgefallen ist, macht man auf einem der folgenden drei Wege weiter, um den Glitzer einzeln zu gewinnen. Die Glitzer-Proben sollten, wenn sie trocken sind, in einem verschlossenen Marmeladenglas aufgehoben werden, damit der Glitzer nicht verloren geht.

Wasser mit Glitzer

Filterpapier (Kaffeefilter)

Glas

Abb. 4.8 Versuchsablauf Abfiltrieren von Glitzer

Tipp: Auf Gläsern notieren, um welchen Glitzer es sich handelt!

a) Produkt ließ sich in Wasser lösen

Man füllt einen Daumen hoch Wasser in ein Trinkglas und gibt ein erbsengroßes Stück (z. B. bei Haargel oder Lippenstift) oder eine Teelöffelspitze voll
Pulver ins Wasser. Man rührt um, bis alles gelöst ist und die Glitzerpartikel
frei herumschwimmen.

Der Kaffeefilter wird auf ein weiteres Glas gesetzt und ein Filterpapier
eingelegt. Die wässrige Lösung mit dem Glitzer wird hindurchgegossen
(siehe Abb. 4.8). Wenn alles Wasser durch den Filter gelaufen ist, wird das
Filterpapier herausgenommen und an einer Seite aufgerissen. Man legt das
nasse Papier auf einen Teller und stellt diesen an eine warme, windstille Stelle,
bis das Papier getrocknet ist.

b) Produkt ließ sich nicht in Wasser lösen

Den folgenden Versuch solltest Du in einem gut gelüfteten Raum auf einem
unempfindlichen Tisch durchführen.

Füll in ein sauberes Glas ca. 1 Daumen hoch Nagellackentferner. Gib ein
erbsengroßes Stück oder ca. 5 Tropfen des Produkts dazu. Rühre mit einem
Teelöffel so lange um, bis sich alles gelöst hat. Stell den Kaffeefilter mit einem
Filterpapier auf ein weiteres Glas. Gieß die Flüssigkeit in das Filterpapier. Stell
das Glas mit dem Kaffeefilter darauf nach draußen, bis alle Flüssigkeit durch-
gelaufen ist (siehe Abb. 4.9).

Eine andere Möglichkeit, die Glitzerpartikel aus der Flüssigkeit zu bekommen, ist folgende:

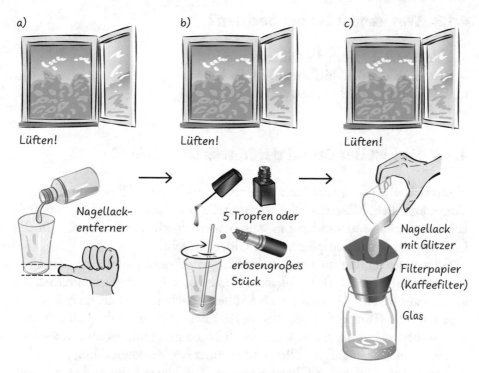

a) Lüften!

b) Lüften!

c) Lüften!

Nagellack-entferner

5 Tropfen oder

erbsengroßes Stück

Nagellack mit Glitzer

Filterpapier (Kaffeefilter)

Glas

Abb. 4.9 Versuchsablauf Gewinnen von Glitzer aus Nagellack

Stell einen Teller auf den Tisch (am Fenster oder am besten draußen) und leg eine Schicht Küchenkrepp oder einen Kaffeefilter darauf. Für die späteren Untersuchungen kann es hilfreich sein, wenn man nicht ein großes Papierstück nimmt, sondern mehrere kleinere.

Saug mit der Pipette die Glitzerflüssigkeit auf und trag sie linienartig auf das Papier auf. Wenn alle Flüssigkeit verteilt ist, stell den Teller für 5 min an eine windstille Stelle nach draußen, bis der Nagellackentferner verdunstet ist.

c) **Produkt hat sich weder in Wasser noch in Nagellackentferner gelöst**

Man füllt in ein kleines, verschließbares Glas ca. 1 Daumen hoch Micellenwasser. Nun gibt man ein erbsengroßes Stück oder 5 Tropfen des Produkts hinzu. Mit dem Stiel eines Teelöffels rührt man um oder zerkleinert das Probenstück so weit wie möglich. Das Glas wird fest verschlossen und so lange geschüttelt, bis aller Glitzer sich herausgelöst hat und frei in der Flüssigkeit schwimmt. Nun wird die Glitzerlösung durch den Kaffeefilter filtriert wie oben beschrieben. Man lässt das nasse Filterpapier mit dem Glitzer auf einem Teller an einem windstillen Ort trocknen.

4.1.3 Was kannst Du beobachten?

a) Alles löst sich – auch die Glitzerpartikel.
b) Die Glitzerpartikel bleiben am Papier hängen.
c) Die Glitzerpartikel quellen auf.

4.1.4 Was ist der Grund dafür, was ist passiert?

Wenn sich alles gelöst hat, dann bestanden die Glitzerpartikel vermutlich aus Zuckerkristallen. Wasserlösliche Bestandteile wie Zucker oder Lebensmittelfarbe lösen sich und werden mit dem Wasser durch den Kaffeefilter in das Glas gespült. Im Filterpapier ist kein Glitzer zu sehen.

Glitzerpartikel, die im Filterpapier hängen geblieben sind und sich nicht verändert haben, sind nicht löslich in Wasser bzw. in Nagellackentferner. Sie können aus Metall (Aluminium oder Silber) bestehen, aus natürlichen Mineralien (z. B. Glimmer) oder aus unlöslichem Plastik. Ob dieses Plastik kompostierbar ist oder nicht, kann durch Lösen nicht unterschieden werden.

Wenn der Glitzer aufgequollen und zu einer Art Wackelpudding geworden ist, dann war es Gelatine-Glitzer und damit ökologisch besonders gut verträglich.

4.1.5 Was Du wissen solltest

Das Farbpigment Titandioxid (TiO_2) ist ebenfalls wasserunlöslich und sehr hitzestabil. Es wird als feines weißes Pulver zum Beispiel zum Färben von Zahnpasta oder Wandfarbe verwendet, aber auch als Zusatzstoff in Lebensmitteln (E 171). Wenn es nicht zu Pulver vermahlen, sondern als kleine Kristallplättchen vorliegt, glitzert es silberweiß und wird daher auch als Öko-Glitzer eingesetzt. Titandioxid steht seit Längerem im Verdacht, gesundheitsschädlich zu sein. Deshalb ist es seit Sommer 2022 als Lebensmittelzusatzstoff offiziell verboten, ist aber in vielen Geschäften oder online noch zu kaufen (siehe Abb. 4.10).

4.1.6 Sicherheitshinweise und Entsorgung

Achtung, das Einatmen von Nagellackentferner-Dämpfen kann zu Unwohlsein führen. Die darin enthaltenen Lösemittel sind leicht entzündlich! Jedenfalls von allen offenen Feuerquellen fernhalten!

Abb. 4.10 Makroaufnahme von Titandioxid-Partikeln (© EYE OF SCIENCE/Science Photo Library)

Reste von Nagellackentferner können entsorgt werden, indem man das Glas oder den Teller nach draußen stellt und erst wieder hereinholt, wenn alles verdunstet ist. Hiermit verunreinigte Gegenstände sollten nicht in geschlossenen Räumen aufbewahrt werden!

Alle Papiere, Kosmetik- oder Lebensmittelreste können nach dem Trocknen im Hausmüll entsorgt werden. Nagellackreste trocknen lassen und ebenso entsorgen. Geräte mit Küchenkrepp von Glitzerpartikeln befreien (abschütteln, abpinseln). Papier in den Restmüll geben. Glitzerfreie Geräte normal mit Spülmittel und Wasser reinigen.

4.2 Methoden-Training 2: Mikroskopische Untersuchung

4.2.1 Was brauchst Du?

Für diese Methode benötigst Du ein Mikroskop, idealerweise mit Foto-Funktion. Dieses kann man mithilfe eines alten Handys oder Tablets und einiger weiterer Dinge sehr einfach bauen – siehe unten. Falls Du ein Mikroskop besitzt, kannst Du aber natürlich auch das nutzen.

- Locher
- Klebeband
- dünne Pappe (z. B. Ende eines Collegeblocks)
- Schere
- ggf. Basteldraht und Pinzette oder feine Zange
- Linsen (Anzahl je nach verwendetem Handy oder Tablet)[1]
- Handy oder Tablet (am besten mit nur einer Fotolinse, nicht mit zwei oder drei)

4.2.2 Wie gehst Du vor?

Baue einen alten Laserpointer auseinander und nimm die Linse heraus. Alternativ kannst Du im Internet Linsen bestellen.

Bauanleitung
Schneide einen Pappstreifen, der ca. 1 cm breit ist und ca. einen Finger lang. Nimm einen Locher und stanze ein Loch ins vordere Drittel des Pappstreifens. Nimm die Linse und drücke sie in das Loch, bis sie feststeckt (siehe Abb. 4.11).

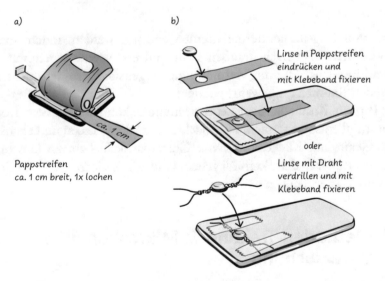

a)

Pappstreifen
ca. 1 cm breit, 1x lochen

b)

Linse in Pappstreifen
eindrücken und
mit Klebeband fixieren

oder

Linse mit Draht
verdrillen und mit
Klebeband fixieren

Abb. 4.11 Mit ein wenig Druck lässt sich die Linse gut in das Loch im Pappstreifen drücken

---

[1] Geeignete Linsen (Durchmesser ca. 5 mm) kann man entweder aus einem alten Laserpointer ausbauen, oder Kollimatorlinsen aus Kunststoff online für ca. 4–5 € bestellen.

Falls Deine Linse einen anderen Durchmesser hat, kannst Du Dir behelfen, indem Du ein passendes Loch mit einem Bleistift in die Pappe stichst. Statt dem Pappstreifen kann man um die Linse auch eine Halterung aus Draht bauen (siehe Abb. 4.13).

Mikroskopieren und Fotografieren
Nun muss die Linse am Handy oder Tablet fixiert werden. Dazu wird der Pappstreifen bzw. der Draht mit einem Streifen Klebeband so auf das Gerät geklebt, dass die Linse genau über der Kamera-Optik des Gerätes liegt (siehe Abb. 4.11). Fertig ist das Handy-Mikroskop.

Öffne die Foto-Funktion des Handys. Visiere den Glitzer durch das Handy-Mikroskop an. Man muss meistens sehr nahe an den Glitzer herangehen! Mit dem Handy-Zoom kannst Du den Ausschnitt weiter vergrößern (siehe Abb. 4.12).

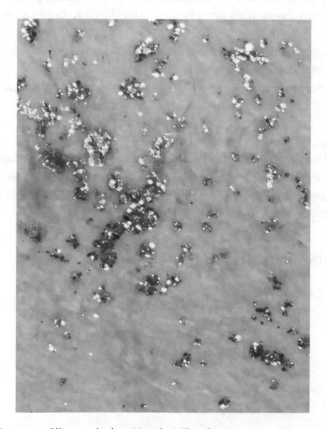

Abb. 4.12   Foto von Glitzer mit dem Handy-Mikroskop

Den gewonnenen Glitzer kannst Du direkt auf den Filterpapieren fotografieren. Dieses muss dafür nicht vollständig getrocknet sein. Wenn Du einen guten Bildausschnitt gefunden hast, kannst Du mit der Kamerafunktion eine Makroaufnahme machen und damit Dein Ergebnis festhalten.

4.2.3 Was kannst Du beobachten?

Untenstehend findest Du Aufnahmen verschiedener Glitzer mit einem Handy-Mikroskop, mit denen Du Deine Aufnahmen vergleichen kannst (Tab. 4.1):

4.2.4 Was Du wissen solltest

Falls ein Handy verwendet wird, das drei Kamera-Linsen hat, kann man auch drei (identische) Laserpointer-Linsen benutzen. Erfahrungsgemäß erhält man aber die besten Ergebnisse mit Handys oder Tablets, die nur eine Kameralinse haben.

Eine aufwendigere Halterung kann mit Basteldraht gebaut werden:

Nimm Basteldraht und schneide zwei fingerlange Stücke ab. Verdrille die beiden Drähte von einer Seite aus bis ca. zur halben Länge, sodass die Drähte ein Ypsilon bilden. Halte die Linse mit Daumen und Zeigefinger fest. Halte das Draht-Y an der verdrillten Seite fest. Schieb die Linse nun zwischen die beiden Schenkel des Draht-Y. Jetzt biegst Du die beiden Drähte um die Linse herum und verdrillst sie an der gegenüberliegenden Seite wieder miteinander. Die Linse hältst Du dabei die ganze Zeit fest. Es kann hilfreich sein, eine Pinzette oder eine feine Zange zur Hilfe zu nehmen, damit der Draht fest um die Linse angezogen wird (siehe Abb. 4.13).

4.2.5 Sicherheitshinweise und Entsorgung

Keine besonderen Hinweise.

Tab. 4.1 Handy-Makroaufnahmen verschiedener Glitzer

Gelatine	Plastik	Titandioxid

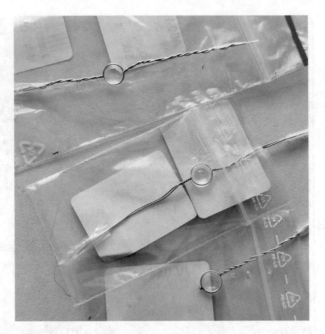

Abb. 4.13 Man braucht etwas Geschick und Geduld, um den Draht um die Linse festzuziehen

4.3   Methoden-Training 3: Öko-Glitzer oder Mikroplastik? Ein Hitzetest

4.3.1 Was brauchst Du?

- Elektro-Herdplatte (kein Ceran- oder Induktionsherd! Kein Gas!)
- alter Teller oder andere hitzefeste Unterlage
- Aluschälchen von Teelichten
- Zange oder hitzefester Handschuh zum Handhaben des heißen Schälchens
- einen (Borsten-)Pinsel pro untersuchte Probe
- Messer
- schwarzes Fotopapier
- Handy-Mikroskop

4.3.2 Wie gehst Du vor?

Mit diesem Test kann man weitere Hinweise erhalten, woraus der vorliegende Glitzer besteht. Dafür müssen die Glitzerpartikel vor und nach dem Hitzetest fotografiert werden. Damit man beim Vergleichen nicht durcheinanderkommt, ist es hilfreich, wenn man sich in der Reihenfolge der Bilder, die man macht, jeweils notiert, was man fotografiert hat. Mit der Info-Funktion der Bilder kann man bei den meisten Handys die Bilder auch mit Untertiteln versehen.

Voruntersuchung
Stell die aus den Produkten isolierten Glitzer-Proben bereit. Schneide die schwarze Pappe in handtellergroße Stücke und verteile sie auf einem Tisch. Nimm einen Pinsel und übertrage etwas Glitzer-Probe vom Filterpapier auf ein Stück schwarze Pappe. Mach eine Makroaufnahme mit dem Handy-Mikroskop. Falls Du keine schwarze Pappe zur Hand hast oder das Übertragen mit dem Pinsel nicht klappt, kannst Du die Partikel auch auf dem Filterpapier lassen und dort fotografieren.

Wichtig! Verwende für jede neue Probe einen neuen Pinsel, sonst vermischst Du die verschiedenen Proben! (siehe Abb. 4.14).

Lass die Papierstücke mit den Glitzer-Proben an einer windstillen Stelle liegen.

Tipp: Damit man sich merkt, welches Glitzer aus welchem Produkt stammt, kann man einfach die Verpackung zum Beschweren auf die Ecke der jeweiligen Pappe stellen.

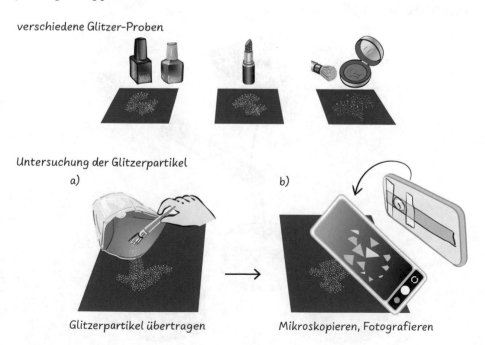

verschiedene Glitzer-Proben

Untersuchung der Glitzerpartikel

a)   b)

Glitzerpartikel übertragen   Mikroskopieren, Fotografieren

Abb. 4.14 Voruntersuchung der Glitzerpartikel

Hitzetest

Falls Du eine einzelne Herdplatte verwendest, sorge dafür, dass sie sicher steht und keine hitzeempfindlichen Dinge in der Nähe stehen. Leg eine Grillzange oder einen hitzefesten Handschuh bereit. Nimm die Teelicht-Kerzen aus den Aluminiumtöpfchen und stell die leeren Töpfchen bereit. Du benötigst pro Glitzer-Probe ein Töpfchen.

Schütte eine Messerspitze voll Glitzer-Probe in das Aluminiumschälchen. Eventuell kann es helfen, mit dem Pinsel den Glitzer in die Schale zu bürsten (siehe Abb. 4.15). Nimm auf keinen Fall zu viel Glitzer! Zum einen kann man dann die Partikel nicht mehr so gut einzeln sehen, zum anderen könnten bei größeren Mengen Plastik schädliche Mengen an Dämpfen entstehen.

Untersuchung

Führe die Untersuchung in einem gut gelüfteten Raum oder ggf. auch draußen durch. Stell einen oder mehrere alte Teller oder sonstige feuerfeste Unterlagen für alle heißen Alu-Schälchen bereit.

Regle die Herdplatte auf die maximale Stufe hoch. Stell mit der Zange oder dem Handschuh die Aluminiumschälchen mit den Glitzer-Proben auf die heiße Herdplatte. Lass sie etwa 2 min. darauf stehen und beobachte, was passiert (siehe Abb. 4.16).

Abb. 4.15 Vorbereiten der Glitzer-Proben für den Hitzetest

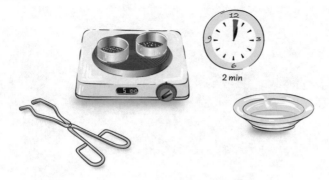

Abb. 4.16 Untersuchung der Glitzer-Proben mit dem Hitzetest

Wichtig: Mit dem Gesicht nicht zu nahe an die Schälchen gehen! Es entstehen unangenehme Gerüche, die beim direkten Einatmen reizend wirken können!

Nimm die Aluschälchen mit der Zange oder dem Handschuh vorsichtig von der Herdplatte und stell sie auf die hitzefeste Unterlage. Lass die Aluschälchen mit den Proben abkühlen. Trag die Aluschälchen zu den Proben auf dem schwarzen Papier. Beweg die nicht erhitzten Proben jeweils auf die eine Seite des schwarzen Papiers, sodass daneben etwas Platz ist. Kratz nun mit dem Messer oder Pinsel jeweils etwas von der erhitzten „Nachher-Probe" aus dem Aluschälchen auf das schwarze Papier neben die „Vorher-Probe". Mithilfe des Handy-Mikroskops kann man nun auch die erhitzten Proben fotografieren und die Glitzerpartikel vorher und nachher vergleichen.

Tipp: Falls das Herauskratzen aus dem Aluschälchen nicht gut funktioniert, kann man die Probe natürlich auch in dem Schälchen fotografieren. Dazu muss man in der Regel den Rand des Schälchens abschneiden oder herunterbiegen (siehe Abb. 4.17), damit man mit dem Handymikroskop ausreichend nahe herankommt.

Abb. 4.17 Öffnen der Aluschälchen für die Untersuchung mit dem Handy-Mikroskop

4.3.3 Was kannst Du beobachten?

a) Die Glitzer-Partikel bleiben unverändert (im Bild: beispielsweise Glitzer aus Titandioxid).

b) Die Partikel haben ihre Form und Farbe deutlich verändert (im Bild: Plastikpartikel verlieren ihre sechseckige Form, zerbrechen oder verschmelzen).

c) Ein schwarzer Rückstand ist entstanden (im Bild: Gelatine ist ein tierisches
   Produkt und verkohlt bei starkem Erhitzen).

4.3.4 Was ist der Grund dafür, was ist passiert?

Wenn die Partikel unverändert geblieben sind, dann gibt es mehrere Möglichkeiten: Es handelt sich um Aluminium, Silber oder Glimmer, die alle sehr
hohe Schmelzpunkte haben. Sie alle sind gut umweltverträglich. In der Regel
lassen sich die unveränderten Glitzerteilchen leicht aus dem Aluschälchen
herausholen.

Wenn die Partikel Form und Farbe verändert haben, dann kann es sich um
Gelatine handeln oder um Kunststoff. Meistens bekommt man diese Partikel
nicht so einfach aus dem Schälchen heraus.

Gelatine schmilzt schon bei deutlich niedrigeren Temperaturen als Plastik
und verkohlt schnell. Wenn erkennbar ist, dass der größte Teil der Partikel
verkohlt ist, dann ist die Wahrscheinlichkeit groß, dass es sich um Gelatine
gehandelt hat. Gelatine ist ein Naturstoff und bildet kein Mikroplastik.

Kunststoffe schmelzen erst bei höheren Temperaturen (siehe Tab. 4.2). PET, aus dem die meisten der sechseckigen Glitzerpartikel vor allem bestehen, verformt sich ab ca. 250 °C. Wenn die Glitzerpartikel ihre Form verloren haben und zusammengeschmolzen sind, dann kann man davon ausgehen, dass sie aus Kunststoffen bestanden. Ob es sich hierbei um recycelten oder kompostierbaren Kunststoff gehandelt hat, lässt sich mit dieser Methode nicht feststellen.

4.3.5 Was Du wissen solltest

Auch Glitzer, dessen Kern aus biologisch abbaubarer Cellulose besteht, hat in der Regel einen Überzug aus einem nicht abbaubaren Kunststoff. Insofern kann man für alle Kunststoff-Glitzer davon ausgehen, dass sie Mikroplastik bilden.

Für die meisten der hier angesprochenen Stoffe kann man keine exakten Schmelzpunkte angeben, weil es komplizierte chemische Verbindungen sind, deren genaue Zusammensetzung verschieden sein kann. Allein von PE-Kunststoffen gibt es viele verschiedene – manche sind kompakter („high density") und manche haben eine geringere Dichte („low density"). Gelatine aus Schweinen unterscheidet sich zum Beispiel von der aus Rindern, und beide können unterschiedlich viel Wasser enthalten. Von Glimmer gibt es sehr viele verschiedene Varianten, die alle etwas verschiedene Eigenschaften aufweisen. Dennoch haben wir versucht, eine Tabelle zusammenzutragen, die einen Eindruck gibt, in welchen Temperaturbereichen die möglichen Bestandteile von Glitzer schmelzen oder reagieren (siehe Tab. 4.2).

4.3.6 Sicherheitshinweise und Entsorgung

Alle Materialien müssen vor dem Entsorgen abkühlen.

Alle gequollenen Stoffe solltest Du nicht in den Ausguss kippen, sondern mit einem Küchenkrepp herausnehmen und im Restmüll entsorgen.

Wenn Du sichergehen willst, dass Du kein Mikroplastik ins Wasser entlässt, kannst Du wie folgt vorgehen: Alle Glitzerpartikel mit einem feuchten Küchenkrepp aufwischen und alles in einer Mülltüte sammeln. Mülltüte fest verschließen und in den Restmüll geben. Alle benutzten Geräte erst nach dieser Reinigung abspülen. Eventuell Spülwasser durch Kaffeefilter filtrieren.

Die Aluminiumschälchen entsorgst Du nach der Vorschrift, die an Deinem Wohnort gilt (z. B. Gelber Sack oder Restmüll).

Tab. 4.2 Schmelzbereiche

Stoff	Schmelzbereich bzw. Verhalten bei Erhitzen
Gelatine (je nach Wassergehalt und Sorte)	ca. 20–50 °C
Gummi arabicum	ca. 90–95 °C
PE-LD (Polyethylen, low density)	ca. 105–110 °C
PMMA (Polymethylmethacrylate)	ca. 130–160 °C
PE-HD (Polyethylen, high density)	ca. 130–135 °C
Haushaltszucker (Saccharose)	Zersetzt sich ab ca. 160 °C Schmelzpunkt ca. 185–186 °C
PVC (Polyvinylchlorid)	ca. 100–260 °C
ASA (Acrylonitrilstyrenacrylat)	ca. 190 °C
MRC (modified regenerated cellulose)	reine Cellulose schmilzt bei ca. 260–270 °C
PET (Polyethylentherephthalat)	ca. 250–255 °C
Aluminium	ca. 660 °C
Silber	ca. 962 °C
Glimmer	ca. 1250 °C
Titandioxid TiO_2	1855 °C

4.4 Weiterforschen zu Glitzer, Lack und Glamour

Ideen zum Weiterforschen

- Enthalten die Peelings in Deinem Haushalt noch Mikroplastik oder schon umweltfreundliche Alternativen? Wenn Letzteres, welche?
- Lassen sich in den Gewässern in Deiner Umgebung oder im Schlamm von deren Grund Mikroplastikteile finden? Wenn ja, sind Glitzerteilchen dabei?
- Findest Du an Dingen, die Du im Urlaub am Strand gesammelt oder benutzt hast, Mikroplastik-Reste?
- Wie viel Gramm Glitzer kannst Du beim Fasching oder bei einem anderen Fest in Deiner Umgebung sammeln?

Materialien und Tipps für dein Weiterforschen

Mikroplastik nennt man Plastikteilchen, wenn sie 5 mm oder kleiner sind. Die Teilchen können so klein werden, dass sie in einzellige Lebewesen oder sogar in unsere Blutgefäße passen. Diese kleinsten Teilchen kann man mit normalen Papierfiltern nicht mehr herausfiltern. Manche kann man stattdessen mit Feinstrumpfhosen oder sehr feinem Stoff als Filter auffangen. Um die Teilchen aus Schlamm zu gewinnen, muss man diesen aufschlämmen und dann durch immer feiner werdende Siebe bzw. Filter filtrieren (z. B. Küchensieb, Kaffeefilter, Feinstrumpfhose). Größere Partikel erkennt man schon mit einer Lupe, kleinere mit der Handykamera, für die kleinsten benötigt man aber ein professionelles Mikroskop.

5

Koffein – Kick mit Konsequenzen?

Wachmacher Koffein

Koffein kommt in über 60 Pflanzen vor. Uns begegnet es hauptsächlich in Kaffeebohnen oder Teeblättern. Man schätzt, dass mehr als 1,3 Trillionen Tassen Kaffee und Tee pro Jahr getrunken werden. Aus diesem Grund beträgt die jährliche Kaffee- und Teeproduktion ca. 9 Mio. t. Weltmeister im Kaffeetrinken sind die Finnen mit einem jährlichen Kaffeekonsum von 1310 Tassen im Jahr, und das pro Person! Aufgrund seiner aufputschenden Wirkung findet man Koffein auch in diversen Erfrischungsgetränken wie Cola oder Energy-Drinks (siehe Tab. 5.1).

Neben seiner Wirkung als Wachmacher hat Koffein noch viele andere Auswirkungen auf unseren Körper, weshalb es auch in der Pharmaindustrie als Zusatz in Medikamenten verwendet wird. Um diesen enormen Bedarf an Koffein zu decken, werden jährlich 1500 t reines Koffein synthetisch hergestellt! Man schätzt, dass weltweit insgesamt 120.000 t Koffein pro Jahr konsumiert werden.

Die Originalversion des Kapitels wurde revidiert. Ein Erratum ist verfügbar unter https://doi.org/10.1007/978-3-662-67349-2_10

Tab. 5.1 Verschiedene Lebensmittel und ihr Koffeingehalt

Lebensmittel/Getränke	Koffeingehalt in mg pro 1 g/1 ml	Koffeingehalt pro Portion Flüssigkeit
Matcha (Japan, aus Tencha)	34	136 mg /80 ml
Kaffee (Robusta, geröstet)	29	115 mg/125 ml
Schwarzer Tee (Teebeutel 2 g)	25	45 mg/250 ml
Grüner Tee (Teebeutel 2 g)	13	26 mg/250 ml
Red Bull	0,32	80 mg/250 ml
Club Mate	0,20	100 mg/500 ml
Coca-Cola	0,10	33 mg/330 ml
Backkakao	0,93	93 mg/100 g
Bitterschokolade	1,30	130 mg/100 g
Vollmilchschokolade	0,15	15 mg/100 g

caffeininformer.com

© memoriesarecaptured/Getty Images/iStock

Koffein ist in reiner Form ein weißer, geruchsneutraler und bitter schmeckender Feststoff. Nehmen wir Koffein zu uns, so erreicht es innerhalb von fünf Minuten alle Zellen unseres Körpers und kann sogar im Gehirn nachgewiesen werden. Wie schnell Koffein allerdings von unserem Körper aufgenommen wird, hängt auch davon ab, an welche sonstigen Stoffe das Koffein gebunden ist. Sowohl im Tee als auch im Kaffee ist das Koffein zunächst an sogenannte Polyphenole gebunden. Beim Kaffee wird diese Bindung im Röstvorgang gebrochen. Somit kann das Koffein seine Wirkung schnell im Körper entfalten. Aus diesen Gründen wirkt das Koffein aus dem Kaffee im Vergleich zu Tee auch viel schneller und intensiver, dadurch aber auch viel kürzer (siehe Abb. 5.1).

Abb. 5.1 In Grünem Tee ist ebenfalls Koffein enthalten (© Yulia_Davidovich/Getty images/iStock)

Adenin   Koffein

Abb. 5.2 Die Stoffe Koffein und Adenin sind chemisch ähnlich aufgebaut

Koffein gibt unserem Körper einen „Energieschub". Man sagt deshalb, dass solche Substanzen eine psychoaktive Wirkung auf unseren Körper haben. Doch wie funktioniert das?

Im Laufe des Tages reichert sich ein bestimmter Stoff, das sogenannte Adenin in unserem Gehirn an. Dort wird es an passende Rezeptoren gebunden. Dies führt zur Hemmung aktivierender Botenstoffe, wodurch sich unsere Blutgefäße erweitern, unser Blutdruck sinkt und unser Herz langsamer schlägt. Kurz gesagt, wir werden müde. Wie in Abb. 5.2 zu sehen ist, sind Koffein und Adenin chemisch ähnlich aufgebaut. Dadurch kann im Gehirn Koffein anstelle des Adenins an einige Rezeptoren andocken und diese blockieren. Die Wirkung des Adenins wird verhindert und wir werden nicht müde.

Allerdings ist die Bindung des Koffeins an den Rezeptor nur von kurzer Dauer. Nach und nach wird wieder Adenin an den Rezeptor gebunden, und der Müdigkeitseffekt tritt verzögert ein. Das ist der Grund, warum wir durch koffeinhaltige Getränke kurzzeitig unsere Konzentrationsfähigkeit steigern oder noch ein bisschen länger wach bleiben können (siehe Abb. 5.3).

Abb. 5.3 Koffein kann zeitweilig das Müdewerden verhindern (© tatyana_tomsickova/Getty images/iStock)

5.1 Methoden Training 1: Weiße Kristalle aus schwarzem Pulver

5.1.1 Was brauchst Du?

- Herd
- Teller (größer als die Pfanne)
- alte Pfanne (kleiner als der Teller)
- koffeinhaltiges Kaffeepulver
- Eiswürfel

Tipps: Selbstverständlich kannst Du auch noch andere koffeinhaltige Lebensmittel ausprobieren. Achte aber darauf, dass diese möglichst trocken und (idealerweise) fein gemahlen sind.

Da es während des Versuchs unangenehm riechen kann, achte bitte darauf, für eine ausreichende Belüftung zu sorgen (offenes Fenster, Abzug am Herd).

5.1.2   Wie gehst Du vor?

Mit dem Versuch wollen wir reines Koffein aus Kaffeepulver extrahieren. Stell hierfür eine kleine Pfanne auf eine Herdplatte und streue gemahlenen Kaffee in die Pfanne, bis der Pfannenboden vollständig mit Kaffeepulver bedeckt ist. Anschließend deckst Du die Pfanne mit einem Teller zu. Nun leg einige Eiswürfel auf den Teller und schalte die Herdplatte auf niedrigster Stufe ein (siehe Abb. 5.4). Während des Versuchs werden die Eiswürfel selbstverständlich schmelzen. Es bietet sich deshalb an, das Schmelzwasser mit einem Schwamm oder Tuch aufzusaugen und stetig neue Eiswürfel auf den Teller zu legen, um für eine effektive Kühlung zu sorgen.

5.1.3   Was kannst Du beobachten?

Während des Versuchs kannst Du den Teller kurz einen kleinen Spalt anheben und beobachten, was passiert. Nach einigen Minuten bildet sich viel Rauch in der Pfanne. Achte deshalb darauf, dass so wenig Rauch wie möglich entweicht!

Schalte die Herdplatte nach 30 min aus und lass alles 10 min abkühlen. Nimm dann den Teller vorsichtig von der Pfanne und begutachte das Kaffeepulver. Auf dem Pulver haben sich kleine weiße Kristalle gebildet (siehe Abb. 5.5).

niedrigste Stufe!

Abb. 5.4   Versuchsaufbau Koffein isolieren

Abb. 5.5   Koffeinkristalle auf Kaffeepulver

5.1.4 Was ist der Grund dafür, was ist passiert?

Den Vorgang, der für die Bildung der Koffeinkristalle verantwortlich ist, bezeichnen Chemiker:innen als Sublimation bzw. Resublimation. Bei der Sublimation geht ein Stoff direkt vom festen in den gasförmigen Zustand über. Der Rauch, den Du während des Erhitzens beobachtet hast, besteht neben Rußpartikeln zu großen Teilen aus gasförmigem Koffein. Dieses kühlt an der kalten Unterseite des Tellers ab, wird wieder fest (Resublimation) und bildet kristallines Koffein auf der Oberfläche des Kaffeepulvers.

5.1.5 Was Du wissen solltest

Die Menge der gebildeten Kristalle ist von vielen Faktoren abhängig, und das optimale Verfahren für Deine Versuchsgeräte muss erst einmal ausgetüftelt werden. Es empfiehlt sich, während des Versuchs den Teller nicht anzuheben, um ein optimales Ergebnis zu erzielen. Wenn die Pfanne abgekühlt ist, sollte sie zeitnah sauber gemacht oder über Nacht an einem gut durchlüfteten Ort aufbewahrt werden. Der Geruch von verbranntem Kaffee kann auf Dauer unangenehm sein und zu Kopfschmerzen führen. Reines Koffein besitzt einen bitteren Geschmack, Du solltest aber auf keinen Fall die Koffeinkristalle in den Mund nehmen![1]

Bilden sich beim ersten Versuch keine Kristalle, so passe die Variablen des Versuchs an!

5.1.6 Sicherheitshinweise und Entsorgung

Vorsicht, an der heißen Pfanne und dem Teller kann man sich verbrennen! **Die entstehenden Dämpfe und der Rauch sollten auf keinen Fall eingeatmet werden! Dies kann zu körperlichen Reaktionen führen! Daher den Raum immer sehr gut lüften oder Dunstabzugshaube anmachen (siehe** Abb. 5.6)!

Pulver abkühlen lassen und im Haushaltsmüll entsorgen. Kristalle mit Wasser in den Ausguss spülen. Geräte gut reinigen.

Abb. 5.6 Bei diesem Versuch für gute Lüftung sorgen! (© Oleksandra Kharkova/Getty images/iStock)

---

[1] Bei falscher Dosierung kann Koffein zu Kopfschmerzen führen und in sehr hohen Mengen tödlich sein. Außerdem ist Essen im Labor ausdrücklich verboten!

5.2 Methoden-Training 2: Dem Koffein auf der Spur

5.2.1 Was brauchst Du?

- Herd
- alte Pfanne (kleiner als Teller)
- Teller (größer als Pfanne)
- ggf. Mörser und Stößel
- entkoffeiniertes Kaffeepulver
- Matcha-Pulver
- grüner Tee
- Eiswürfel

5.2.2 Wie gehst Du vor?

Da Du jetzt die idealen Versuchsbedingungen ausgetüftelt hast, kannst Du nun verschiedene koffeinhaltige Lebensmittel miteinander vergleichen (siehe Abb. 5.7). Du gehst hierfür genauso vor wie beim oben beschriebenen Ver-

Abb. 5.7 Matcha-Tee (© Grafvision/stock.adobe.com)

such. Hast Du mehrere Pfannen zur Verfügung, kannst Du auch mehrere Versuchsreihen parallel durchführen.

5.2.3   Was kannst Du beobachten?

Wie Du in Tab. 5.1 sehen kannst, unterscheiden sich viele Lebensmittel in ihrem Koffeingehalt. Je nach Lebensmittel bilden sich also mehr oder weniger Kristalle.

5.2.4   Was ist der Grund dafür, was ist passiert?

Matcha gehört zwar zu den Grüntees, hat aber aufgrund des Herstellungsverfahrens einen viel höheren Koffeingehalt als herkömmlicher grüner Tee (siehe Tab. 5.1). Da das Matcha-Pulver auch noch sehr fein gemahlen ist, hat die gleiche Menge Matcha eine viel größere Oberfläche als die getrockneten Teeblätter von grünem Tee. Dies begünstigt die Sublimation des Koffeins aus dem Matcha-Pulver zusätzlich, wodurch mehr Koffeinkristalle gebildet werden.

5.2.5   Was Du wissen solltest?

Auch hier ist die Menge der gebildeten Kristalle wieder von vielen Faktoren abhängig. Im frischen Tee befindet sich das Koffein in der Blattzelle und lässt sich daher nur schwer extrahieren. Erst durch Verarbeitungsprozesse können die Zellwände aufgebrochen und das darin enthaltene Koffein aus dem Blatt herausgelöst werden. Dies geschieht bei der Herstellung von Tee unter anderem durch das Rollen der Teeblätter.

5.2.6   Sicherheitshinweise und Entsorgung

Vorsicht, an der heißen Pfanne und dem Teller kann man sich verbrennen!
  Die entstehenden Dämpfe und der Rauch sollten auf keinen Fall eingeatmet werden! Dies kann zu körperlichen Reaktionen führen. Daher den Raum immer sehr gut lüften (vgl. Abb. 5.6)!
  Bei falscher Dosierung kann Koffein zu Kopfschmerzen führen und in sehr hohen Mengen tödlich sein.

Pulver abkühlen lassen und im Haushaltsmüll entsorgen. Kristalle mit Wasser in den Ausguss spülen. Geräte gut reinigen.

5.3   Ideen zum Weiterforschen

5.3.1   Tipps für Top-Ergebnisse

Auf der Suche nach Erkenntnissen passen Forscher:innen die Variablen ihrer Experimente immer wieder an. Überleg Dir doch einmal, welche Variablen Du bei Deinen Versuchen beeinflussen kannst. Wie verändert sich zum Beispiel die Menge an gebildeten Kristallen, wenn Du

- die Temperatur Deiner Herdplatte schrittweise änderst?
- die Versuchsdauer erhöhst/verringerst?
- mehr Eiswürfel verwendest?
- mehr/weniger/andere Substanz verwendest?
- die Substanz mit einem Mörser mahlst und somit die Oberfläche vergrößerst?

5.3.2   Backkakao mit Koffein-Kick?

Warst Du nicht auch ein wenig verwundert, als Du Dir die Tabelle am Anfang des Kapitels angeschaut hast? Backkakao soll Koffein enthalten? Schaut man sich die Inhaltsstoffe von Kakao genauer an, findet man dort keinen Hinweis auf Koffein. Oder wird käuflicher Kakao vorher entkoffeiniert? Jetzt, da Du eine Methode zur Koffeinextraktion kennst, kannst Du dem Geheimnis des Kakaos selbst auf die Spur kommen.

5.3.3   Auf Spurensuche im Supermarktregal

Wir haben Dir selbstverständlich nur eine kleine Auswahl an Lebensmitteln vorgeschlagen. Mittlerweile findet man viele Lebensmittel im Supermarktregal, denen Koffein zugesetzt wurde bzw. die angeblich entkoffeiniert wurden (siehe Abb. 5.8). Vielleicht findest Du bei Deinem nächsten Einkauf das ein oder andere Produkt, das sich für eine Testung eignen würde.

Abb. 5.8 **(a)** Viele Lebensmittel enthalten Koffein … , **(b)** … oder sind – angeblich? – dekoffeiniert (a © Artanika/stock.adobe.com, b © yackers1/stock.adobe.com)

6

Lavalampen-Labor – nicht nur zur Deko

© focus finder/stock.adobe.com

Eigentlich waren sie vor allem zur Deko gedacht und gehörten in den 1970er-Jahren in jedes zeitgemäße Schlafzimmer: die Lavalampen. Heute benutzt man sie, um unsere Daten sicherer zu machen. Dafür benötigt man zufällig generierte (randomisierte) Zahlen. Und diese so zu gewinnen, dass niemand sie knacken kann, ist gar nicht so einfach. Ein gut funktionierender und zudem ästhetisch ansprechender Weg ist, eine große Zahl von Lavalampen (s. Abb. auf der nächsten Seite) digital zu filmen und daraus Zufallszahlen zu errechnen. Da die Blubberblasen in den Lampen nicht voraussagbar und immer anders sind, lassen sich die so generierten Codes kaum noch knacken.

Die Originalversion des Kapitels wurde revidiert. Ein Erratum ist verfügbar unter https://doi.org/10.1007/978-3-662-67349-2_10

Im Bild: Mathmos Lavalampen in der Ausstellung Planet Digital im Museum für Gestaltung Zürich, (11. Februar – 6. Juni 2022)

© ZHdK, www.mathmos.ch

Erfunden in den 1950er-Jahren fasziniert sie bis heute: die Lavalampe. Im Boden der Lampe befindet sich eine Glühlampe, darüber ist ein Glaszylinder gestülpt, in dem sich verschieden-farbige Flüssigkeiten befinden. Schaltet man die Lampe an, so beleuchtet sie die Flüssigkeiten von unten. Aber nicht nur das, sie erwärmt die Flüssigkeiten auch. Und diese Wärme führt nach einiger Zeit dazu, dass von der unteren Flüssigkeit Blasen aufsteigen, durch die obere hindurch blubbern und dann wieder herabsinken. Warum?

Damit sich Stoffe mischen, muss ihr chemischer Aufbau ähnlich sein. Vor allem die Größe, Form und Art der Teilchen, aus denen sie bestehen, spielen eine Rolle. In der Lavalampe befinden sich also zwei Flüssigkeiten, deren Teilchen so unähnlich sind, dass sie sich nicht mischen. Sie bilden zwei Phasen aus. Welche Phase dabei oben ist und welche unten, hängt von der Dichte der beiden Flüssigkeiten ab. Die Phase mit der geringeren Dichte schwimmt oben.

Die Dichte ist definiert als die Masse pro Volumen. Wasser hat z. B. eine höhere Dichte als Speiseöl, weil im Volumen eines Liters Wasser mehr Masse enthalten ist als in einem Liter Öl. Wie die Teilchen aussehen, ob sie elektrisch geladen sind, oder ob sich die Masse auf viele kleine oder wenige große Teilchen verteilt, ist egal – es kommt nur auf die Gesamtmasse im Volumen an. Wenn man Wasser und Speiseöl zusammenschüttet, schwimmt die Öl-Phase obenauf und die wässrige setzt sich unten ab. Die gleiche Ursache haben übrigens auch die Fettaugen auf der Suppe.

Wie groß die Dichte eines Stoffes ist, kann man sehr einfach bestimmen: Man nimmt ein definiertes Volumen – also zum Beispiel einen Liter einer Flüssigkeit – und wiegt dieses. Ein Liter Speiseöl wiegt je nach Zusammensetzung 0,8–0,9 kg und ist damit leichter als ein Liter Wasser. Ergo ist seine Masse pro Volumen und damit seine Dichte geringer. Aber Vorsicht, das gilt

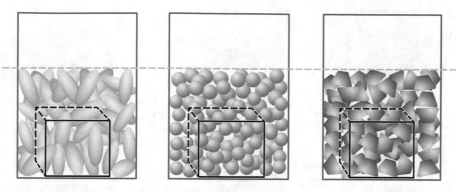

Abb. 6.1 Verschiedene Massen im gleichen Volumen können verschiedene Ursachen haben

immer nur, wenn man auch das gleiche Volumen vergleicht! Die größere Masse im gleichen Volumen kann verschiedene Ursachen haben: Die einzelnen Teilchen sind schwerer, oder es passen mehr Teilchen in das gleiche Volumen – oder beides (siehe Abb. 6.1).

Die Zufuhr von Wärme verändert die Dichte einer Flüssigkeit. Auch dies kann man erklären, wenn man sich die Vorgänge auf Teilchenebene vorstellt:

Führt man einer Flüssigkeit Wärme zu, so bewegen sich die Teilchen, aus denen sie besteht, immer stärker. Die Teilchen stoßen häufiger aneinander und brauchen mehr Raum für ihre Bewegung. Daher entfernen sie sich insgesamt immer mehr voneinander, wenn es Raum dafür gibt. Dadurch sinkt (in der Regel) die Dichte der Flüssigkeit.

Wenn die untere Flüssigkeit in der Lavalampe durch den Kontakt mit der Lampe erwärmt wird, so sinkt ihre Dichte. Irgendwann ist die Dichte der unteren, erwärmten Phase geringer als die der Phase darüber. In diesem Moment steigt die untere Phase nach oben. Wir sehen eine Blase, weil die Phasen dabei nach wie vor getrennt bleiben. Oben angekommen, kühlt die Flüssigkeit wieder ab und wird dadurch wieder dichter. Wenn ihre Dichte wieder größer als die der anderen Phase ist, sinkt die aufgestiegene Blase wieder nach unten (siehe Abb. 6.2).

Damit Lavalampen funktionieren, dürfen die beiden Flüssigkeiten zum einen nicht mischbar sein. Sie müssen sich also chemisch möglichst stark unterscheiden. Zum anderen muss ihre Dichten so ähnlich sein, dass allein durch Erwärmen beeinflusst werden kann, welche die höhere und welche die geringere Dichte hat. Es ist nicht einfach, zwei Flüssigkeiten zu finden, für die das zutrifft, Es gibt aber noch weitere Möglichkeiten, um die Dichte eines Stoffes gezielt zu verändern:

Wenn man einen Feststoff (z. B. Salz) in einer Flüssigkeit löst, so ändert man auch die Dichte der Flüssigkeit. Das ist der Grund, warum man sich im toten Meer weniger anstrengen muss, um seinen Körper an der Oberfläche zu halten als im Badesee.

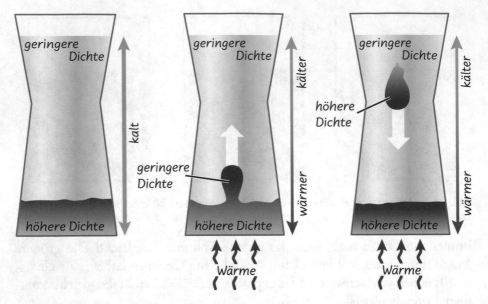

Abb. 6.2 Funktionsprinzip einer Lavalampe

6.1 Methoden-Training 1: Suche nach dem flüssigen „Dream-Team" – eine Mischungs-Matrix

6.1.1 Was brauchst Du?

- Herdplatte und Topf für Wasserbad
  (bei Verwendung von Reagenzgläsern: schmaler, hoher Topf. Bei Verwendung eines Einsatzes entsprechend passendes Set aus Topf und Einsatz)
- passender Metalleinsatz oder Schüssel zum Einhängen ins Wasserbad
- 20 Reagenzgläser mit Ständer – oder alternativ Schnapsgläschen
- Teelöffel
- Olivenöl
- Körperpflege- oder Babyöl
- Kokosöl bzw. -fett (fest)
- Stearin oder festes Paraffin (Kerzenwachs)
- Wasser
- Salz
- Essig

6.1.2   Wie gehst Du vor?

Für die Lavalampe werden zwei Phasen benötigt, die sich nicht mischen. Insofern ist es naheliegend, zunächst systematisch zu untersuchen, welche Flüssigkeiten deutlich getrennte Phasen bilden und welche nicht. Um die Ergebnisse übersichtlich darzustellen, kann man eine Tabelle nutzen, die das gegenseitige Verhalten dokumentiert – man nennt solche Tabellen auch „Matrix". In professionellen Lampen sind manche Phasen bei ausgeschalteter Lampe auch fest. Da für den Lavaeffekt die Flüssigkeiten ohnehin erhitzt werden müssen, kann man für eine Lavalampe aus Haushaltsmaterialien auch von leicht schmelzenden Feststoffen ausgehen.

Vorbereitung
Um Stoffe wie Kerzenwachs oder Kokosfett schonend zu schmelzen, empfiehlt sich ein Wasserbad. Dafür erwärmt man in einem kleinen Topf auf dem Herd etwas Leitungswasser. Das Wasser sollte nicht kochen, damit man die Reagenzgläser mit dem Feststoff problemlos hineinhalten kann (siehe Abb. 6.3). Außerdem werden keine so hohen Temperaturen benötigt.

Falls Du nicht mit Reagenzgläsern sondern mit anderen Gläsern arbeitest, kannst Du den Stoff auch erst in einem Einsatz oder einer Metallschüssel, die

Abb. 6.3   Erhitzen von Reagenzgläsern mit Feststoffen in einem Wasserbad

in das warme Wasser gehängt wird, schmelzen (siehe Abb. 6.4). Danach füllt man es zum Testen in die Gläser um.

Vorsicht: Beim Schmelzen darf kein Wasser aus dem Bad in die Schüssel mit der Probe gelangen.

Für das Salzwasser mischst Du einfach in einem Trinkglas Leitungswasser mit so viel Kochsalz, bis sich ein Bodensatz bildet. Das Salzwasser gießt Du für Deine Versuche so ab, dass kein Bodensatz mitgerissen wird.

Vorsicht: Bei der Verwendung von Spiritus muss unbedingt darauf geachtet werden, dass dieser nur schonend erwärmt wird. Keinesfalls (!) darf er in die Nähe einer offenen Flamme kommen! Bei Verwendung eines Gasherdes ist das Testen von Spiritus demnach verboten.

Eine Matrix für diesen Versuch könnte aussehen wie in Abb. 6.5.

Abb. 6.4   Topf mit Einsatz zum gleichmäßigen Erhitzen von Feststoffen im Wasserbad

	Olivenöl	Babyöl	Kokos-fett	Kerzen-wachs	Salz-wasser	Essig	Spiritus	Leitungs-wasser
Olivenöl								
Babyöl	+/+							
Kokosfett								
Kerzenwachs								
Salzwasser								
Essig								
Spiritus								
Leitungswasser								

Abb. 6.5   Mischungsmatrix

Erster Versuchsdurchgang

Stell die zu untersuchenden Substanzen und die Gläser bereit. Im ersten Test-durchlauf überprüfst Du die Stoffe bei Raumtemperatur und beobachtest, ob sie sich mischen oder zwei Phasen bilden. Hierfür füllst Du immer ca. 1 cm der Flüssigkeit oder des Feststoffes aus Spalte 1 in das Glas. Dann nimmst Du die andere Flüssigkeit und lässt etwa die gleiche Menge vorsichtig auf die erste Flüssigkeit laufen. Wenn es ein Feststoff ist, lässt Du ihn hineinrutschen (siehe Abb. 6.6). Falls Du Reagenzgläser verwendest, schüttelst Du diese kurz. Falls Du andere Gläser nutzt, kannst Du kurz mit dem Stiel eines Teelöffels um-rühren. Lass die Gläser stehen und warte eine Weile (siehe Abb. 6.7). Dann notierst Du Deine Beobachtung. Falls die Stoffe getrennt bleiben, notierst Du ein Minus („—"). Falls sich die Flüssigkeiten mischen, notierst Du ein Plus („+") (siehe Beispielmatrix Abb. 6.5).

Zweiter Versuchsdurchgang

Wie besprochen, funktionieren Lavalampen, indem Stoffe erhitzt werden. Im zweiten Durchgang testest Du nun, wie sich die Stoffe verhalten, wenn sie erwärmt werden. Hierfür führst Du die gleichen Mischungsversuche mit den erwärmten Stoffen durch. Die Ergebnisse protokollierst Du wieder. Am

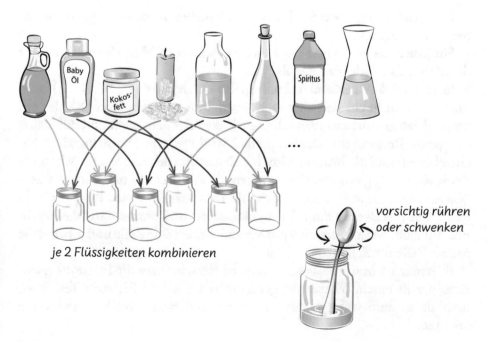

je 2 Flüssigkeiten kombinieren

vorsichtig rühren
oder schwenken

Abb. 6.6   Versuchsablauf Mischungstests

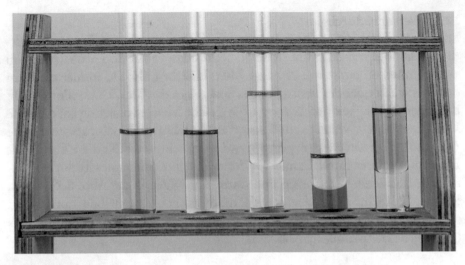

Abb. 6.7   Gläser stehen lassen und beobachten: Mischen sich die Stoffe?

besten schreibst Du dafür in jede Zelle der Matrix einen Schrägstrich und notierst das neue Ergebnis dahinter. Auf diese Weise siehst Du auf einen Blick, welche Veränderungen das Erwärmen erbracht hat.

Um gleichmäßig erwärmte Proben untersuchen zu können, gehst Du am besten wie folgt vor:

Für jede Zeile der Matrix macht man einen neuen Versuchsansatz, arbeite die Matrix also Zeile für Zeile ab.

Jeder Stoff aus der senkrechten Spalte der Matrix (A, B, C, ...) wird ca. 1 cm hoch in ein Reagenzglas gegeben. Nur von dem Stoff (X), der mit den anderen gemischt werden soll (Zeile), benötigt man mehr und füllt daher ein ganzes Reagenzglas. Das Wasserbad wird erwärmt (Vorsicht, nicht kochen lassen!) und die Reagenzgläser hineingestellt (siehe Abb. 6.8). Wenn alle Feststoffe flüssig geworden sind, können die Proben nach und nach aus dem Wasserbad genommen werden. Nun füllt man aus dem vollen Reagenzglas in jede Probe den zweiten Stoff (Y) zu, beobachtet und protokolliert das Ergebnis. Auf diese Weise testet man pro Versuchsansatz eine Zeile und arbeitet die Matrix Zeile für Zeile ab.

Falls man nicht mit Reagenzgläsern arbeitet, können die Feststoffe nacheinander in einem Wasserbad geschmolzen werden. Bis zum Test muss man sie so aufbewahren, dass sie warm und flüssig bleiben und zügig arbeiten.

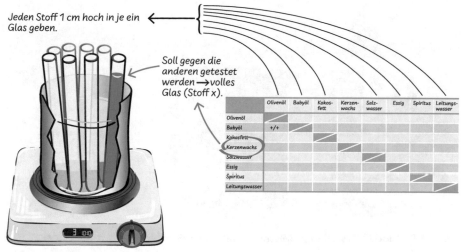

Jeden Stoff 1 cm hoch in je ein Glas geben.

Soll gegen die anderen getestet werden →volles Glas (Stoff x).

	Olivenöl	Babyöl	Kokos-fett	Kerzen-wachs	Salz-wasser	Essig	Spiritus	Leitungs-wasser
Olivenöl								
Babyöl	+/+							
Kokosfett								
Kerzenwachs								
Salzwasser								
Essig								
Spiritus								
Leitungswasser								

Wasserbad warm, aber nicht kochend!

Abb. 6.8   Versuchsablauf für das Testen der erwärmten Stoffe

6.1.3 Was kannst Du beobachten?

Für manche Stoffe kann man recht leicht voraussagen, ob sie sich mischen oder nicht. Wie sie sich aber bei Erwärmen verhalten, ist nicht so leicht vorherzusagen. Wichtig ist jedenfalls, dass die Stoffe auch bei Erwärmen eine klare Phasengrenze ausbilden, sonst eignen sie sich nicht, um eine Lavalampe zu bauen. Es ist durchaus herausfordernd, die ideale Kombination herauszufinden. Spannend ist auch, die Dichte der Stoffe durch Zugabe von z. B. Salz zu variieren. Oder man stellt Mischungen her und kombiniert diese. Wichtig: Immer protokollieren, was man gemacht hat, sonst weiß man nachher nicht mehr, welche Mischung das ideale „Team" für die Lavalampe war!

6.1.4 Was ist der Grund dafür, was ist passiert?

Damit sich zwei Stoffe mischen, müssen ihre Teilchen dazu gebracht werden, miteinander in Wechselwirkung zu treten. Dafür müssen die Anziehungskräfte zwischen den Teilchen in einer Phase überwunden werden. Die Teilchen des zweiten Stoffes müssen also zwischen die des ersten gelangen. Hierfür ist Energie nötig (siehe Abb. 6.9).

Führt man den Stoffen Wärme zu, so bewegen sich alle Teilchen stärker. Mischt man zwei warme Stoffe, so steht für das Überwinden der Anziehungskräfte zwischen den Teilchen mehr Energie zur Verfügung, als bei den kalten Stoffen. Daher kann es sein, dass manche Stoffe sich (in Ermangelung ausreichender Energie) bei Raumtemperatur nicht mischen, in warmem Zustand aber schon.

Abb. 6.9 Modellvorstellung: Mischen von zwei Stoffen (© gritsalak/stock. adobe.com)

6.1.5 Was Du wissen solltest

Auch wenn es sich nicht kompliziert anhört: Das genaue und saubere Arbeiten bei diesen Mischungsversuchen ist wichtig und die Voraussetzung dafür, dass man Kombinationen findet, aus denen sich eine schöne Lavalampe bauen lässt. Wenn man mit diesen Tests überprüft hat, welche Stoffe sich so kombinieren lassen, dass sie auch bei Erwärmen zwei Phasen bilden, kann man über weitere notwendige Eigenschaften – wie zum Beispiel die Dichte und deren Veränderung bei Erwärmen – nachdenken:

In den kommerziellen Lavalampen bilden sich relativ zähflüssige Blasen. Die Zähigkeit der Flüssigkeiten, die sogenannte Viskosität, spielt also auch eine Rolle. Mit Stoffen, die die getesteten Flüssigkeiten zäher machen, kann man die Dichte der Komponenten ebenfalls verändern. Wie man eine solche zähflüssige Phase herstellen und in einer Lavalampe nutzen kann, erfährst Du beim nächsten Methodentraining.

6.1.6 Sicherheitshinweise und Entsorgung

Bei der Verwendung von Spiritus muss unbedingt darauf geachtet werden, dass dieser nur schonend erwärmt wird. Keinesfalls (!) darf er in die Nähe einer offenen Flamme kommen! Bei Verwendung eines Gasherdes ist das Testen von Spiritus demnach verboten.

Alle erwärmten Stoffe vor dem Entsorgen abkühlen lassen! Sowohl Bienen-wachs als auch Kerzenwachs lassen sich aus den Reagenzgläsern kaum wieder entfernen. Wir empfehlen, die Reagenzgläser wegzuwerfen und wegen Ver-letzungsgefahr lieber kein Zerbrechen beim Reinigen zu riskieren.

Lebensmittel und Haushaltsmittel wie üblich entsorgen. Feststoffe nicht in den Ausguss gelangen lassen!

Alle verwendeten Gläser können mit haushaltsüblichem Spülmittel und warmem Wasser gereinigt werden.

6.2 Methoden-Training 2: Leinsamen-Gel-Lavalampe

6.2.1 Was brauchst Du?

- 15 g geschrotete Leinsamen
- Haushaltswaage
- Wasserkocher
- Schüssel
- feines Sieb
- Esslöffel
- großer bzw. hoher Messbecher
- Feuerzeug
- Stövchen
- Marmeladenglas/Honigglas/Pestoglas
- passende Kerze/großes Teelicht
- Öl (Sonnenblumenöl, Rapsöl oder Kokosöl)
- ca. 250 ml Wasser

Tipps: Je nach verwendeter Art des Stövchens kann seine Öffnung nach oben größer oder kleiner sein. Daher muss das verwendete Glas entsprechend gewählt werden. Wenn die Öffnung kleiner ist, kann z. B. ein Pestoglas ver-wendet werden; dieses hat den Vorteil, dass es höher ist und somit ein größe-rer Temperaturunterschied zwischen oben und unten möglich ist.

Kokosöl muss eventuell vor der Verwendung erwärmt werden, damit es flüssig genug ist (s. Abb. 6.10).

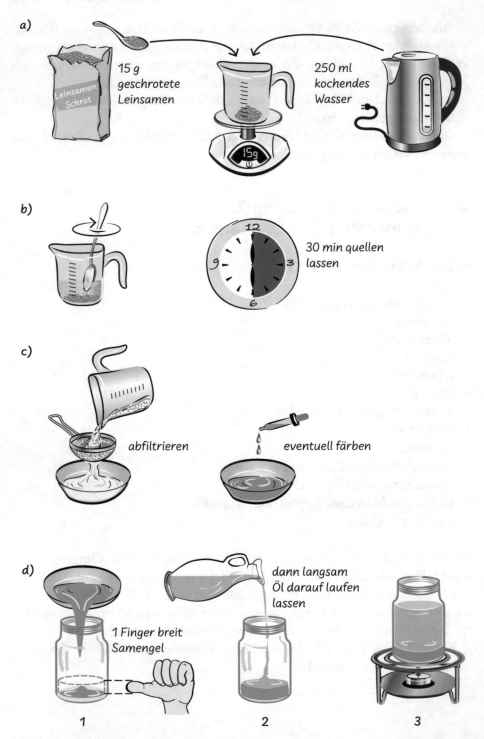

Abb. 6.10 Vorgehensweise beim Herstellen einer Lavalampe mit Leinsamen-Gel

6.2.2 Wie gehst Du vor?

Herstellung Leinsamen-Gel
Ermittle für Dein Stövchen, welche Kerze und welches Marmeladen-, Honig-
oder Pestoglas am besten passt.

Wiege 15 g geschrotete Leinsamen in einem hohen Gefäß (Messbecher) ab.
Koche 250 ml Wasser im Wasserkocher und fülle es zu den Leinsamen in den
Messbecher. Lass die Leinsamen 30 min im heißen Wasser einweichen, wäh-
rend Du gelegentlich das Ganze mit einem Esslöffel umrührst.

Nach dem Quellen trennst Du die flüssige Phase von den Leinsamen ab,
indem Du sie über ein feines Sieb in eine Schüssel kippst. (Diese Phase kann
auch mit Lebensmittelfarbe angefärbt werden, wenn Du das möchtest - siehe
Abb. 6.11.) Nun füllst Du die flüssige Phase etwa einen Finger breit in das
Marmeladen-, Honig- oder Pesto-Glas (siehe Abb. 6.12).

Abb. 6.11   Erkaltete Leinsamen-Gel-Kokosöl-Lavalampe

Abb. 6.12 Leinsamen-Gel-Lavalampe auf dem Stövchen

Abb. 6.13 Bei dieser Lavalampe wurde das Wasser mit Tinte gefärbt, sodass die Bewegung der Blasen gut zu sehen ist

Fertigstellen der Lavalampe

Gieß nun möglichst vorsichtig Öl auf die Leinsamen-Lösung. Am besten lässt man es langsam an der Glaswand herunterlaufen. Füll das Glas bis ca. einen Zentimeter unter den Rand. Entzünde die Kerze im Stövchen und stell das Glas über die Öffnung. Die Vorgänge können über mehrere Stunden hinweg beobachtet werden.

6.2.3 Was kannst Du beobachten?

Nach 30–60 min (je nach Größe des Marmeladenglases und verwendeter Menge an Leinsamen-Gel) steigen kleine Bläschen hoch, die nach kurzer Zeit wieder hinuntersinken. Zudem sind vulkanartig aufsteigende Blasen zu erkennen (siehe Abb. 6.13).

In Abb. 6.13 wurde zu dem Leinsamen-Gel Sonnenblumenöl gegeben. Es sind die aufsteigenden Leinsamen-Gel-Blasen zu erkennen. Die braunen Stellen im Gel kommen durch die Schale der geschroteten Leinsamen zustande, die beim Sieben nicht entfernt werden konnten.

6.2.4 Was ist der Grund dafür, was ist passiert?

Beim Schroten der Leinsamen werden die Zellen der Samen aufgebrochen. Damit können die enthaltenen Schleimstoffe freigesetzt werden. Diese sind chemisch gesehen langkettige Zucker (Polysaccharide), die netzartig miteinander verknüpft sind. Sie werden vom heißen Wasser aus den Samen herausgelöst und quellen auf. Dabei lagern sich die Wasserteilchen in die Netzstruktur ein und werden durch Anziehungskräfte dort gehalten. Ein Gel ist entstanden. Erhitzt man Leinsamen-Gel erneut, so werden einzelne Ketten gebrochen. Das eingelagerte Wasser wird an diesen Stellen freigesetzt. Das Gel wird daher dünnflüssiger, je häufiger man es erhitzt.

6.2.5 Was Du wissen solltest

Zu beachten ist dabei, dass das Marmeladenglas sehr heiß werden kann, daher sollte man es nach Auspusten der Kerze für einige Zeit stehen lassen, bevor es angefasst wird.

Nachdem es abgekühlt ist, trennen sich die beiden Phasen voneinander. Allerdings können leichte Verunreinigungen entstehen (siehe Abb. 6.10). Dies liegt an chemischen Reaktionen zwischen den Inhaltsstoffen des Leinsamen-Gels und des Kokosöls oder der zugegebenen Farbe. Erhitzt man die Lavalampe erneut, so steigen wieder Bläschen auf.

Leinsamen gelten als sehr gesund (s. Abb 6.14). Dadurch, dass sie im Verdauungssystem aufquellen, erleichtern sie den Stuhlgang und regen ihn an. Ungeschrotete Leinsamen werden dagegen kaum verdaut und verlassen das Verdauungssystem als Ganzes.

6.2.6 Sicherheitshinweise und Entsorgung

Alle erwärmten Stoffe müssen zunächst abkühlen, bevor sie entsorgt werden! Feststoffe können in den Restmüll gegeben werden. Flüssigkeiten mit Spülmittel versetzen und mit viel warmem Wasser in den Ausguss kippen. Keine Feststoffe im Ausguss entsorgen!

Abb. 6.14 Leinsamen und Leinblüten (© nikolaydonetsk / stock.adobe.com)

Da die Leinsamenschalen sehr fein sind, ist kaum zu vermeiden, dass sie das Gel verunreinigen.

6.3 Weiterforschen zur Dichte von Flüssigkeiten für Lavalampen

Ideen zum Weiterforschen

- Durch das Lösen von Salz kann man die Dichte von Wasser verändern. Welchen Effekt haben andere Stoffe, die man in Wasser auflöst?
- Findest Du Stoffe, die man in Öl auflösen kann, sodass man auch dessen Dichte verändern kann?
- Welche Stoffe findest Du sonst noch, die die Zähigkeit (Viskosität) deiner Lava verändern können?
- Womit lassen sich die Phasen einfärben?
- Wenn Du Dich nicht auf „Trial and Error" verlassen möchtest, um die ideale Kombination von Stoffen für Deine Lavalampe zu finden, kannst Du auch quantitative Messungen machen: Wiege immer das gleiche Volumen verschiedener Stoffe (siehe z. B. Tab. 6.1). Stoffe mit gleicher Masse pro Volumen haben die gleiche Dichte. Welche Stoffe mit ähnlicher Dichte mischen sich nicht und können daher zu einer Lavalampe kombiniert werden?
- Je höher das verwendete Gefäß ist, desto größer ist der Wärmeunterschied zwischen oben und unten. Welche Kombination aus Gefäß und Wärmequelle lässt die Lava am besten aufsteigen?

Zutaten für Dein Weiterforschen

Tab. 6.1 Haushaltsmittel und Apotheken-Produkte zum Weiterforschen

Name	Verwendung	Aufbau/Eigenschaften
Agar-Agar	Verfestigen von Speisen	quellfähiges Polymer auf Zuckerbasis aus Algen
Blattgelatine	Verfestigen von Speisen	quellfähiges Eiweiß tierischen
pulverförmige Gelatine	Verfestigen von Speisen	Ursprungs
Tortenguss	Fixieren von Früchten	enthält z. B. Gelatine
Penaten-Pflegeöl	Hautpflege	mineralisches Öl
Rapsöl	Nahrungsmittel und Technik	pflanzliches Öl
Olivenöl	Nahrungsmittel und Kosmetik	pflanzliches Öl
Sirup	Nahrungsmittel	v. a. Wasser, Zucker und Farbstoff
Butter	Nahrungsmittel	tierisches Fett
Margarine	Nahrungsmittel	tierisches Fett
Schmalz	Nahrungsmittel	tierisches Fett
Kokosfett	Nahrungsmittel	pflanzliches Fett
Palmin	Nahrungsmittel	pflanzliches Fett
Bienenwachs	Kerzen, Imprägnierung	tierisches Produkt, Gemisch aus vielen Stoffen
Vaseline	Körperpflege, Medizin	fettiges Erdölprodukt
Kerzenwachs	Brennstoff	festes Erdölprodukt
Chia-Samen	Nahrungs- und Verdickungsmittel	Samen des mexikanischen Salbei; enthalten stark quellfähige Schleimstoffe
Flohsamenschalen	Nahrungs- und Verdickungsmittel	Schalen von Wegerichsamen; enthalten stark quellfähige Schleimstoffe

Sicherheitshinweise und Entsorgung

Bei der Verwendung von Spiritus muss unbedingt darauf geachtet werden, dass dieser nur schonend erwärmt wird. Keinesfalls (!) darf er in die Nähe einer offenen Flamme kommen! Bei Verwendung eines Gasherdes ist das Testen von Spiritus demnach verboten.

Vorsicht: Heiße Flüssigkeiten können spritzen und zu Verbrühungen führen.

7

Wider die Natur: „Gesetzlose Stoffe" – flüssig oder fest oder vielleicht beides?

In einem Buch von Dr. Seuss aus dem Jahr 1949 muss ein Junge namens Bartholomew Cubbins ein Königreich vor einem klebrigen grünen Schleim mit sehr merkwürdigen Eigenschaften retten. Dieser Schleim wird dort OOBLECK genannt. Aber gibt es eine solche Substanz wirklich? Oder ist sie nur die fiktive Erfindung eines Kinderbuch-Autors?

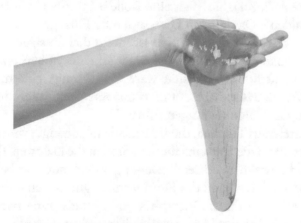

© Toxitz/Getty Images/iStock

Als Schleim bezeichnet man üblicherweise eine zähflüssige Absonderung. Das Besondere daran ist die hohe Zähigkeit. Der Fachbegriff für Zähigkeit heißt

---

Die Originalversion des Kapitels wurde revidiert. Ein Erratum ist verfügbar unter https://doi.org/10.1007/978-3-662-67349-2_10

© Der/die Autor(en), exklusiv lizenziert an Springer-Verlag GmbH, DE, ein Teil von Springer Nature 2023, korrigierte Publikation 2024
K. Weirauch et al., *Glibber, Glimmer, Laserschwerter: Chemie-Experimente zuhause*, https://doi.org/10.1007/978-3-662-67349-2_7

Abb. 7.1   Schleim ist zähflüssig (viskos) (© bjdlzx/Getty Images/iStock)

Viskosität (siehe Abb. 7.1). Sie spielt eine Rolle bei fließbaren Substanzen, sogenannten „Fluiden". Das können Gase sein oder Flüssigkeiten.

Je größer die Viskosität dieser Fluide ist, desto dickflüssiger sind sie. Umgekehrt erkennt man eine niedrige Viskosität an einer hohen Fließfähigkeit. Eine Flüssigkeit mit hoher Viskosität wäre z. B. Honig, eine mit niedriger z. B. Wasser. Warum das so ist, kann man nur verstehen, wenn man sich den inneren Aufbau der Fluide vor Augen führt:

Ein Fluid besteht aus Teilchen, die sich relativ unabhängig voneinander bewegen. Dadurch kann die Substanz fließen. Stoßen die kleinsten Teilchen, aus denen das Fluid besteht, bei ihrer Bewegung aufeinander, so behindern sie sich gegenseitig. Dadurch kann das Fluid weniger gut fließen – es wird zäher. Das ist der eine Grund für die Viskosität eines Fluids. Eine zweite Ursache sind Kräfte, die zwischen den kleinsten Teilchen wirken. Je größer diese Kräfte sind, desto stärker hängen die Teilchen aneinander und desto zähflüssiger ist das Fluid. Beide Effekte zusammengenommen führen also zu einer Behinderung der freien Teilchenbewegung und damit zu einer sogenannten *inneren Reibung*.

Das Verhalten der meisten schleimigen oder zähen Flüssigkeiten, die wir kennen, lässt sich mit dieser Modellvorstellung erklären. Sir Isaac Newton hat vor über 300 Jahren beschrieben, dass viele Flüssigkeiten ihre Viskosität auch nicht ändern, wenn man auf sie einen Druck ausübt. Das war übrigens der

Abb. 7.2   Sir Isaac Newton und der Apfel (© Aleksei Morozov/Getty Images/iStock)

gleiche Newton, auf den die Anekdote mit dem fallenden Apfel als Inspiration für das Gravitationsgesetz zurückgeht – auch wenn diese wohl eher ein Märchen ist (siehe Abb. 7.2).

Flüssigkeiten, deren Viskosität bei jeder Belastung gleich ist, nennt man deshalb *newtonsche Flüssigkeiten*. Hierzu gehören z. B. Wasser oder Öle. Deshalb kannst Du auch auf dem Wasser nicht laufen, denn wenn Dein Fuß Druck auf die Wasseroberfläche ausübt, weicht dieses dem Druck aus und Du versinkst. Es gibt aber auch Flüssigkeiten, die sich anders, quasi „gesetzlos" verhalten. Sie nennt man nichtnewtonsche Flüssigkeiten. Ohne Druck fließen sie wie gewohnte Flüssigkeiten, aber mit Druck folgen sie ihren ganz eigenen Gesetzen. Auf einigen nichtnewtonschen Flüssigkeiten kann man sogar laufen!

Neben OOBLECK gibt es im Alltag erstaunlich viele nichtnewtonsche Flüssigkeiten. Zu denen gehören z. B. Ketchup, Blut oder auch Treibsand. Allen nichtnewtonschen Flüssigkeiten gemeinsam ist, dass sich ihre Viskosität (nach einiger Zeit) unter Druck ändert. Bei einigen von ihnen verringert sich ihre Viskosität unter Druck (*Strukturviskosität*), sie werden dünnflüssiger. Das ist z. B. eine wichtige Eigenschaft von Blut, damit es auch in sehr dünnen Adern noch fließen kann. Diese Eigenschaft machen wir uns auch bei nicht-tropfender Wandfarbe zunutze, die sich dadurch leicht auf die Wand auftragen lässt. Andere nichtnewtonsche Flüssigkeiten erhöhen dagegen ihre

Viskosität unter Druck *(Dilatanz)*. Die Viskosität kann aber auch mit der Zeit unter Druck erst ab- und danach wieder zunehmen *(Thixotropie)*. Diesen Effekt nutzen z. B. Zahnärzte bei einigen Abformmaterialien aus, die im Mund unter Druck fließfähiger werden und damit Details besser ausfüllen. Danach härtet das Material wieder aus.

7.1 Methoden-Training 1: Herstellung einer nichtnewtonschen Flüssigkeit

7.1.1 Was brauchst Du?

* Küchenwaage
* mittelgroße Plastikschüssel
* Packung Maisstärke
* Löffel
* Hammer

7.1.2 Wie gehst Du vor?

Mische Maisstärke und Wasser ungefähr im Verhältnis 3:2 (z. B. 150 g Stärke + 100 g Wasser; das genaue Mischungsverhältnis hängt sehr davon ab, welches Stärkepulver man gekauft hat). Rühre das Gemisch so lange gut durch, bis Du eine gleichmäßige, zähe Masse hast, bei der keine trockene Stärke mehr übrig ist. Falls Wasser nachgefüllt werden muss, immer vorher lange und vor allem langsam (!) durchrühren, um zu testen, ob wirklich noch Wasser gebraucht wird.

7.1.3 Was kannst Du beobachten?

Um einen ersten Einblick in das Verhalten der hergestellten Flüssigkeit zu bekommen, greifst Du zunächst mit einer Hand hinein und schließt die Hand zur Faust, sodass Du einen „Ball" OOBLECK einschließt. Dann nimmst Du die Hand heraus, wobei Du weiterhin Druck auf die Flüssigkeit ausübst. Bereits für das Herausziehen der Hand aus dem Gemisch ist ein erhöhter Kraftaufwand nötig. Nimmst Du die Hand aus dem Gemisch, tropfen kleine Mengen zurück, der „Ball" bleibt jedoch in der Faust. Erst wenn Du den Druck löst, fließt die Flüssigkeit gleichmäßig aus der Hand (siehe Abb. 7.3).

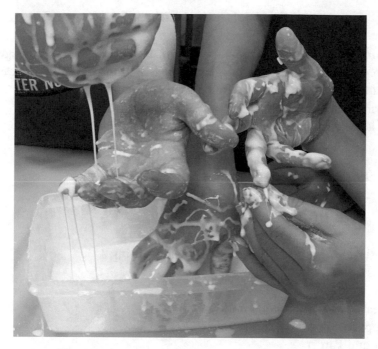

Abb. 7.3 Ohne Druck fließt der Stärkeschleim

Einen weiteren Hinweis kann ein Hammerschlag liefern. Dazu wird die Flüssigkeit gleichmäßig in eine flache Plastikschüssel gefüllt. Nun wird zunächst mit der Faust, dann mit einem Hammer möglichst senkrecht auf die Oberfläche geschlagen. Beim Aufprall dringen Faust und Hammer kaum in die Flüssigkeit ein. Es gibt keine Spritzer. Lässt der Druck nach, sinken Faust und Hammer allmählich ein. Ist das nicht merkwürdig?

7.1.4 Was ist der Grund dafür, was ist passiert?

Offenbar hast Du aus Maisstärke und Wasser eine nichtnewtonsche Flüssigkeit hergestellt. Dies zeigt sich sowohl beim Kneten des OOBLECK-Balls als auch beim Hammerschlag. Vor allem bei starkem plötzlichen Kraftausüben auf die Oberfläche erstarrt die Flüssigkeit sofort. Wie bei einem Feststoff gibt es keine Spritzer. Übst Du keinen Druck mehr aus, verhält sich das Gemisch wieder wie eine Flüssigkeit. Legt man Faust oder Hammer ohne zusätzlichen Druck darauf, sinken sie ein. Um mehr darüber zu erfahren, müsstest Du die Einwirkung des Drucks auf die Flüssigkeit gezielt variieren. Wie kann dies gelingen? Eine Möglichkeit sind Fallversuche.

7.1.5 Sicherheitshinweise und Entsorgung

Die Stärkemischung kann entsorgt werden, indem man mehrere Lagen Küchenkrepp in das Waschbecken legt und die Mischung daraufkippt. Das Wasser kann so ablaufen und der Rest mit dem Papier aufgenommen und im Haushaltsmüll entsorgt werden.

Auf keinen Fall über den Ausguss entsorgen!

7.2 Methoden-Training 2: Fallversuche

7.2.1 Was brauchst Du?

* Flüssigkeit und Schüssel von Methoden-Training 1
* leeres Oliven- oder Marmeladenglas
* etwas Reis
* Lineal oder Zollstock (30 cm)
* Stoppuhr
* Stift und Papier
* Tesafilm

7.2.2 Wie gehst Du vor?

Nimm die Schüssel mit der Flüssigkeit aus Versuch 1. Falls die Flüssigkeit in dieser Schüssel zu flach ist, füll sie in eine andere Schüssel, bis der Pegel mindestens 5 cm hoch steht. Führe den folgenden Versuch an einer möglichst wasserfesten Wand durch, die man nachher wieder abwischen kann. Nimm ein Lineal (oder einen Zollstock) zur Hand. Klebe das Lineal mithilfe von Klebeband senkrecht an die Wand, und zwar so, dass die Null unten auf dem Tisch steht. Stell die Schüssel aus Methoden-Training 1 neben die Skala (siehe Abb. 7.4). Leg das Glas, den Reis und die Stoppuhr bereit. Halte auch Papier und Stift bereit, um die Ergebnisse der Messungen aufzuschreiben.

Lass nun das leere Glas aus der immer gleichen Höhe auf die Flüssigkeit fallen. Bei uns haben sich 13 cm, gemessen ab der Oberfläche der Flüssigkeit, bewährt. Stopp dabei die Zeit vom Loslassen bis zu dem Moment, bei dem das Glas nicht mehr weiter einsinkt. Wiederhole diese Messung insgesamt fünf Mal. Trag die gestoppte Zeit in eine Tabelle ein. Wichtig dabei ist, dass das Glas möglichst senkrecht auf die Flüssigkeit trifft! Dazu kannst Du zum Festhalten mit Daumen und Zeigefinger einen Kreis um das Glas formen.

a)

mit der Hand einen Kreis
um das Glas formen,
um es beim Fallen zu führen

b)

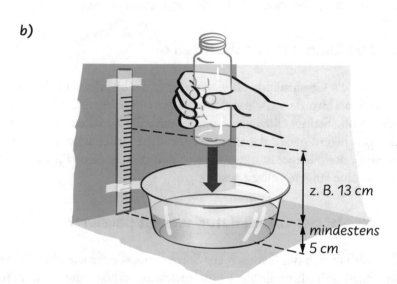

z. B. 13 cm

mindestens
5 cm

c)

STOPP,
wenn das Glas nicht
weiter einsinkt!

Abb. 7.4 Wichtig ist, das Glas möglichst immer auf die gleiche Weise zu halten und senkrecht fallen zu lassen

Wenn Du loslässt, kannst Du so das Glas beim Sturz stabilisieren (siehe Abb. 7.4).

Verändere nun den einwirkenden Druck indem Du die Messung mehrmals (3–5 Mal) in folgenden Varianten wiederholst und die gestoppten Zeiten und die jeweiligen Mittelwerte[1] in eine Tabelle einträgst:

- Glas halb voll gefüllt mit Reis aus 13 cm Höhe,
- Glas komplett gefüllt mit Reis aus 13 cm Höhe,
- Glas leer aus der doppelten Höhe (26 cm),
- Glas halb voll gefüllt mit Reis aus der doppelten Höhe und
- Glas komplett gefüllt mit Reis aus der doppelten Höhe.

7.2.3 Was kannst Du beobachten?

Überleg Dir, wie Gegenstände üblicherweise (z. B. in Wasser) fallen und sinken. Denk dabei bitte daran, wie verschieden schwere Gegenstände (z. B. unterschiedlich große Steine) fallen und sinken, wenn Du sie fallen lässt. Deine Beobachtungen liefern genau das umgekehrte Ergebnis. Je schwerer Dein Glas ist (mit Reis), desto länger ist die gestoppte Zeitspanne. Auch für größere Fallhöhen wird eine längere Fallzeit gestoppt.

7.2.4 Was ist der Grund dafür, was ist passiert?

Offenbar verhält sich das Gemisch aus Stärke und Wasser wie eine nichtnewtonsche Flüssigkeit. Eine große Krafteinwirkung erhöht die Viskosität der Flüssigkeit besonders stark, sie wird zäher und verhält sich dann eher wie ein Festkörper. Es handelt sich also um eine dilatante Flüssigkeit. Die Zunahme ihrer Viskosität entsteht durch eine Strukturänderung in der Flüssigkeit, die dafür sorgt, dass die einzelnen Teilchen unter Druck stärker miteinander wechselwirken. In der Folge können sie schlechter aneinander vorbei gleiten.

7.2.5 Sicherheitshinweise und Entsorgung

Keine besonderen Hinweise.

---

[1] Den Mittelwert errechnest Du, indem Du erst einmal alle Messwerte zu einer Summe zusammenzählst. Dann zähle, wie viele Messwerte Du hattest. Teile die Summe durch die Anzahl Deiner Messwerte. Du erhältst den Mittelwert.

7.3   Weiterforschen zu „gesetzlosen Flüssigkeiten"

Ideen zum Weiterforschen

- Findest Du weitere nichtnewtonsche Flüssigkeiten oder kannst Du selbst welche herstellen?
- Wie kannst Du nachweisen, dass sich diese Flüssigkeiten tatsächlich „gesetzlos" verhalten?
- Zu welcher Art gehört die jeweilige „gesetzlose" Flüssigkeit?

Zutaten für Dein Weiterforschen

Es gibt erstaunlich viele, leicht zu beschaffende Flüssigkeiten, die sich „gesetzlos" verhalten. Hierzu gehört z. B. Ketchup (siehe Abb. 7.5). Wie kriegt man den am besten aus der Flasche? Indem man ihn Druck aussetzt (durch Klopfen der Flasche) oder eben gerade nicht? Probier es aus! Was passiert mit dem Ketchup, wenn Du ihn einige Zeit schnell umrührst? Zu welcher Art nichtnewtonscher Flüssigkeiten gehört Ketchup also? Weitere Tipps bei der Suche könnten Zahnpasta, Sand-Wasser-Gemische, Pudding oder auch Hüpfknete (z. B. sog. *„Silly Putty"*) sein.

Abb. 7.5   Welcher Typ von nichtnewtonscher Flüssigkeit ist Ketchup? (© Grafner/Getty images/iStock)

8

Warum in „Star Wars" immer die gute Seite gewinnt

In Star Wars gewinnt immer die gute Seite. Woran liegt das? Jedi benutzen meist grüne oder blaue Lichtschwerter. Dagegen nutzt die dunkle Seite der Macht ausschließlich rote Lichtschwerter. Die Farbe des Lichts ist ein Indikator für den Energiebetrag, den das Licht transportiert. Würde man versuchen, ein noch mächtigeres, also energiereicheres Lichtschwert zu entwickeln, dann würden Menschen dieses Lichtschwert aber gar nicht mehr sehen können. Woran liegt das?

© designprojects/Getty Images/iStock

Die Originalversion des Kapitels wurde revidiert. Ein Erratum ist verfügbar unter
https://doi.org/10.1007/978-3-662-67349-2_10

Ergänzende Information Die elektronische Version dieses Kapitels enthält Zusatzmaterial, auf das über folgenden Link zugegriffen werden kann [https://doi.org/10.1007/978-3-662-67349-2_8].

Wir Menschen können nur einen bestimmten Teil des Lichts sehen. Es gibt aber noch weitere Arten von Licht, die das menschliche Auge nicht wahrnehmen kann, wie z. B. UV-Strahlung. Um die Unterschiede zu verstehen, muss man genauer überlegen, was Licht eigentlich ist.

Stell Dir Licht als eine Welle vor, die Energie transportiert und sich durch den Raum bewegt. Wellen haben bestimmte Eigenschaften, die Du vielleicht vom Wellenbaden am Meer kennst. Wasserwellen können zum Beispiel unterschiedlich hoch sein oder in verschiedenen Abständen am Strand ankommen. Den Abstand zwischen zwei Wellenbergen nennt man Wellenlänge.

Bei Licht nehmen wir verschiedene Wellenlängen als verschiedene Farben wahr. Rotes Licht hat eine relativ große Wellenlänge. Bei blauem Licht hingegen liegen die Wellenberge nahe zusammen, die Wellenlänge ist also kurz (siehe Abb. 8.1).

Violettes Licht hat die kürzeste Wellenlänge des für uns sichtbaren Lichts. Ist die Wellenlänge noch kürzer, spricht man vom sogenannten ultravioletten Licht (kurz: UV-Licht oder UV-Strahlung). Wir können dieses kurzwellige Licht nicht mehr sehen. Es kann aber von manchen Insekten und Vögeln wahrgenommen werden. Es besteht ein Zusammenhang zwischen der Wellenlänge und der Energie des Lichts: Je kürzer die Wellen-

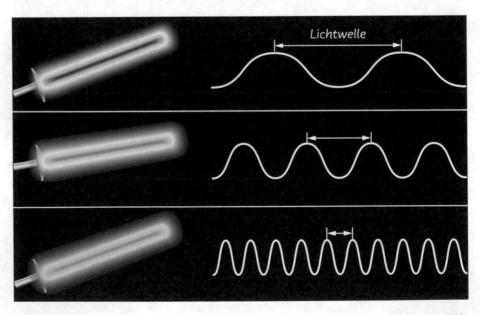

Abb. 8.1 UV-Licht hat eine kleinere Wellenlänge und ist energiereicher als sichtbares Licht

länge des Lichts, desto energiereicher ist es. Demnach ist UV-Strahlung energiereicher als sichtbares Licht.

Wenn empfindliches Gewebe wie Haut länger der energiereichen UV-Strahlung ausgesetzt ist, kann es zur kurzfristigen oder langfristigen Gewebeschädigung kommen. Eine kurzfristige Schädigung macht sich in Form von Sonnenbrand bemerkbar. Um das Sonnenbrandrisiko besser einschätzen zu können, gibt es den sogenannten UV-Index. Er kann Zahlenwerte zwischen 1 und 11 annehmen. Je größer der UV-Index ist, desto höher ist auch die Belastung im Freien durch UV-Strahlung. Bei hohen UV-Index-Werten ist das Sonnenbrandrisiko also größer. Ab einem Wert von 4 solltest Du Deine Haut mit Sonnenschutz (z. B. T-Shirt oder Sonnencreme) schützen.

Ist die Haut langfristig oder häufiger einer hohen UV-Strahlung ohne Schutz ausgesetzt, kann dies erhebliche Schäden zur Folge haben (siehe Abb. 8.2). UV-Strahlung kann das Erbmaterial in den Hautzellen schädigen. Solche Veränderungen des Erbmaterials können zu Hautkrebs führen.

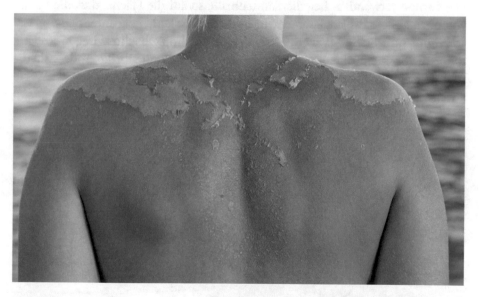

Abb. 8.2   Zu viel UV-Licht schädigt unsere Haut (© Barcin/Getty Images/iStock)

8.1   Methoden-Training 1: UV-Strahlung mit UV-Perlen nachweisen

8.1.1   Was brauchst Du?

- UV-Perlen[1]
- Sonnenbrille
- leere Streichholzschachtel
- Sonnenlicht oder UV-Lampe (z. B. Geldscheinprüfer oder Gesichtsbräuner)

8.1.2   Wie gehst Du vor?

Gib zwei UV-Perlen in eine leere Streichholzschachtel. Verschließ die Streichholzschachtel, sodass kein Licht an die Perlen gelangt.

Such Dir einen sonnigen Platz, an dem es eine ebene Fläche (z. B. Tisch, Boden oder Stuhl) gibt. Falls die Sonne nicht scheint, kannst Du ersatzweise eine UV-Lampe verwenden. Leg die Sonnenbrille so auf die Fläche, dass die Sonne von oben auf die Brillengläser scheint und eine der Perlen darunter passt.

Nimm nun beide UV-Perlen aus der Streichholzschachtel. Leg eine Perle unter die Sonnenbrille und die andere neben die Sonnenbrille, sodass sie direkt dem Sonnenlicht (bzw. UV-Licht) ausgesetzt ist (siehe Abb. 8.3). Warte anschließend einige Minuten.

Abb. 8.3   Versuchsaufbau UV-Perlen und Sonnenbrille

---

[1] UV-Perlen können über den Bastel- oder Spielzeugbedarf erworben werden.

8.1.3 Was kannst Du beobachten?

Nach kurzer Zeit verfärbt sich die UV-Perle, die direkt dem Sonnenlicht ausgesetzt war. Die UV-Perle unter der Sonnenbrille verfärbt sich nicht.

8.1.4 Was ist der Grund dafür, was ist passiert?

UV-Perlen enthalten besondere Farbstoffe. Diese haben die Eigenschaft, die Farbe zu ändern, wenn UV-Strahlung auf sie trifft (siehe Abb. 8.4). Aus diesem Grund wird eine UV-Perle, die dem direkten Sonnenlicht oder künstlichem UV-Licht ausgesetzt ist, farbig.

Sonnenbrillen sind für UV-Strahlung undurchlässig. Das ist sehr wichtig, damit unsere empfindlichen Augen bei starkem Sonnenschein vor der energiereichen UV-Strahlung geschützt sind. Im Versuch schützt die Sonnenbrille die zweite Perle vor der UV-Strahlung. Dementsprechend verändert sich die Farbe dieser Perle nicht (siehe Abb. 8.3).

Abb. 8.4 Verschiedenfarbige UV-Perlen unter UV-Licht

8.1.5   Was Du wissen solltest

Es gibt viele verschiedene Arten von Farbstoffen. Die meisten von ihnen sind relativ beständig gegenüber äußeren Einflüssen. Das bedeutet, dass sie ihre Farbe bei Sonneneinfall nicht verändern. Meist werden solche Farbstoffe für unsere Alltagsprodukte (z. B. Kleidung, Wandfarbe) verwendet, da die Farben hier möglichst lange erhalten bleiben sollen. Farbstoffe, die ihre Farbe durch äußere Einflüsse ändern, können dazu verwendet werden, diese Änderungen der äußeren Einflüsse „sichtbar" zu machen. So gibt es beispielsweise Farbstoffe, deren Farbe je nach Temperatur (thermochrom) oder Lösungsmittel (solvatochrom) unterschiedlich ist.

Legt man eine verfärbte UV-Perle wieder ins Dunkle, so entfärbt sie sich nach einer gewissen Zeit. Mit den entfärbten UV-Perlen lässt sich UV-Strahlung erneut nachweisen.

8.1.6   Sicherheitshinweise und Entsorgung

Nicht in die UV-Lampe oder Sonne blicken! Längere Bestrahlung der Haut mit einer UV-Lampe vermeiden.

8.2   Methoden-Training 2: Solarpapier – künstlerisches Forschen

8.2.1   Was brauchst Du?

* Küchenwaage
* Teelöffel
* Messbecher
* 2 dunkle Gefäße (mindestens 100 ml)
* Pinsel (ohne Metallteile am Griff!)
* kleine Schüssel
* Trichter
* kleines Stück Papier
* Etiketten und Stift
* mehrere Stücke Küchenkrepp oder Kaffeefilter
* 4 g Kaliumhexacyanidoferrat(III) (rotes Blutlaugensalz)
* 4 g grünes Ammoniumeisen(III)-citrat[2]
* Wasser

---

[2] Diese Chemikalien können über die Apotheke rezeptfrei oder online erworben werden. Man sollte möglichst kleine Mengen kaufen, da für die Versuche nur sehr wenig benötigt wird.

Für den Versuch:

- getrocknetes oder gekauftes Solarpapier
- lichtundurchlässige Box oder Mappe
- Sonnencreme
- Frischhaltefolie

8.2.2 Wie gehst Du vor?

Herstellung von Solarpapier
Leg ein kleines Stück Papier auf eine Küchenwage und wiege 4 g des grünen Salzes Ammoniumeisen(III)-citrat ab. Überführe anschließend das Salz vorsichtig (evtl. mithilfe eines Trichters oder mit einem gerollten Papier) in ein dunkles Gefäß. Beschrifte das Gefäß mit dem Namen des Salzes.

Miss mit einem Messbecher 100 ml Wasser ab und schütte es in das dunkle Gefäß mit dem Ammoniumeisen(III)-citrat. Verschließ anschließend das Gefäß und schwenk es vorsichtig, sodass sich das Salz im Wasser löst.

Wiege 4 g des roten Salzes Kaliumhexacyanidoferrat(III) auf dieselbe Weise ab und gib es in das zweite dunkle Gefäß. Füll auch in dieses Gefäß 100 ml Wasser und schwenke es vorsichtig, bis sich das Salz gelöst hat. Beschrifte auch dieses Gefäß mit dem Namen des Salzes.

Die Lösungen in beiden Gefäßen können mehrere Wochen verwendet werden, wenn sie kühl und dunkel gelagert werden.

Such Dir einen dunklen Raum, um das Solarpapier herzustellen. Leg Dir dafür alle Materialien und die Lösungen in den dunklen Gefäßen bereit.

Gib jeweils die gleiche Menge von beiden hergestellten Lösungen in die kleine Schale. Sobald die beiden Lösungen vereinigt werden, sollte der Raum nicht mehr hell beleuchtet werden! Nutze jetzt den Pinsel, um mehrere Küchenpapiere oder Kaffeefilter mit den vermischten Lösungen zu bestreichen (siehe Abb. 8.5).

Das so beschichtete Papier sollte ca. eine Stunde im Dunkeln trocknen. Anschließend kann es in einer lichtundurchlässigen Box oder Papiermappe gelagert werden.

Versuchsdurchführung
Bestreiche ein kleines Stück Frischhaltefolie mit etwas Sonnencreme, sodass ein dünner Film auf der Folie entsteht. Wenn Du möchtest, kannst Du auch ein kleines Bild mit der Creme skizzieren oder ein Wort schreiben. Nimm ein Solarpapier und leg die Frischhaltefolie so auf das Solarpapier, dass ein Teil von der Sonnencreme bedeckt ist und der andere Teil frei bleibt (siehe Abb. 8.6). Belichte das Solarpapier für ca. 5 min in der Sonne.

Raum
verdunkeln

gleiche Mengen
Lösung 1 und Lösung 2
mischen

mit Pinsel
auftragen

Abb. 8.5 Mit dem Pinsel kann man das Kaffeefilterpapier gleichmäßig bestreichen

Abb. 8.6 Wo die Sonnencreme das Solarpapier abgedeckt hat, tritt keine Blaufärbung auf

Untersuche das Solarpapier anschließend im Schatten und gib es wieder in die dunkle Aufbewahrungsbox oder -mappe.

8.2.3 Was kannst Du beobachten?

Nach einigen Minuten färbt sich das unbedeckte Solarpapier grau-blau. Die Stelle, die von der Sonnencreme bedeckt war, ist weniger verfärbt (siehe Abb. 8.6). Lässt man das Solarpapier noch ein paar Stunden im Dunkeln liegen, so intensivieren sich die Verfärbungen zu einem tieferen Blauton. Je länger die Belichtungszeit war, desto intensiver ist die Verfärbung.

8.2.4 Was ist der Grund dafür, was ist passiert?

Im Solarpapier fand eine chemische Reaktion statt. Dabei hat sich der Farbstoff „Berliner Blau" gebildet. Das Besondere an der Reaktion ist, dass sie erst abläuft, wenn sie „aktiviert" wird. Da UV-Strahlung besonders energiereich ist, reicht diese Strahlung als Aktivierungsenergie aus, sodass die Reaktion abläuft.

Sonnencreme kann unsere Haut vor UV-Strahlung schützen. Sie enthält Pigmente, die die UV-Strahlung abblocken, indem sie die Strahlung reflektieren. Aus diesem Grund ist das Solarpapier, das mit Sonnencreme geschützt wurde, nicht so stark verfärbt.

8.2.5 Was Du wissen solltest

Die Methode, nach der das Solarpapier funktioniert, wird auch *Cyanotypie* oder *Eisenblaudruck* genannt. Es war eines der frühesten fotografischen Verfahren. Legt man ein Negativ auf das Solarpapier und belichtet es, so entsteht auf dem Papier ein Abbild (Positiv). Dabei bildet sich der Farbstoff Berliner Blau nur an den Stellen, an denen die UV-Strahlung auf das Solarpapier treffen kann. Da der Farbstoff in Wasser unlöslich ist, kann das Bild fixiert werden, indem das Solarpapier nach der Belichtung mit Wasser abgespült und anschließend getrocknet wird (siehe Abb. 8.7).

Neben dieser ursprünglichen, künstlerischen Verwendung kann man das Verfahren der Cyanotypie nutzen, um UV-Strahlung nachzuweisen und deren Intensität zu bestimmen. Je mehr Farbstoff sich nach einer bestimmten Zeit bildet, desto intensiver war die Strahlung. Möchtest Du UV-Strahlung bei verschiedenen Bedingungen (verschiedene Orte oder Sonnencremes) nachweisen, solltest Du darauf achten, dass die Variable „Belichtungszeit" immer gleich ist. Dadurch lassen sich die Ergebnisse gut miteinander vergleichen.

8.2.6 Sicherheitshinweise und Entsorgung

Obwohl die Chemikalien nicht gefährlich sind, solltest Du vorsichtig mit ihnen umgehen. Entnimm die Feststoffe vorsichtig und verschließ die Gefäße wieder sofort nach der Entnahme. **Falls Du etwas auf die Haut bekommst, kannst Du es einfach gründlich mit viel Wasser und Seife abwaschen.**

Abb. 8.7 Legt man verschiedene Gegenstände vor dem Belichten auf das Solarpapier, entstehen tolle Bilder (© Nnehring/Getty Images/iStock)

Die Feststoffe sind lange haltbar und können für spätere Experimente aufgehoben werden. Solltest Du sie nicht mehr benötigen, kannst Du sie einfach in den Restmüll geben. Die hergestellten Lösungen halten sich nicht lange. Du kannst sie mit viel Wasser in den Ausguss geben, wenn Du sie nicht mehr benötigst.

8.3 Methoden-Training 3: Der Strahlung auf der Spur mit einem UV-Sensor

8.3.1 Was brauchst Du?

- Mikrocontroller (z. B. Arduino Uno)
- Anschlusskabel (USB, Sensorkabel)
- LC-Display für Mikrocontroller
- UV-Sensor (z. B. Typ GUVA-S12D)[3]
- Batterie für Mikrocontroller
- Schattenplatz (z. B. unter einem Baum)
- Sonnenlicht oder UV-Lampe

8.3.2 Wie gehst Du vor?

Schließ den UV-Sensor und das LC-Display gemäß Anleitung an den Mikrocontroller an (siehe Abb. 8.8). Programmiere den Mikrocontroller so, dass auf dem LC-Display der Sensorwert oder der UV-Index angezeigt wird.

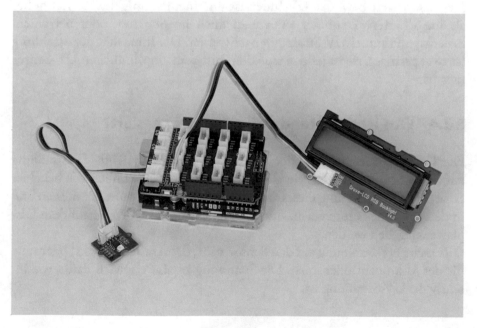

Abb. 8.8 Arduino mit UV-Sensor und LC-Display

---

[3] Die Materialien für die Versuche sind ab ca. 9 € erhältlich z. B. mit Verkabelung von Seeed oder anderen Marken.

Weitere Informationen zum Programmieren und zur Verwendung eines Mikrocontrollers findest Du im Online-Material über den Link am Kapitelanfang.

Verbinde anschließend den Mikrocontroller mit einer Batterie, sodass Du ihn mit den Sensoren auch draußen verwenden kannst.

Richte den UV-Sensor an verschiedenen Orten in den Himmel. Such Dir hierfür zum Beispiel einmal einen sonnigen Ort und einmal einen Schattenplatz. Vergleiche die Werte, die Du an den verschiedenen Orten misst.

Tipps:

- Wenn Du eine UV-Lampe und den UV-Sensor nutzt, dann solltest Du darauf achten, dass der Abstand von Lampe und Sensor immer gleich ist.
- Wenn Du den Mikrocontroller an einen Computer anschließt, kannst Du die aufgenommenen Messwerte auch speichern.
- Alternativ dazu kannst Du auch eine SD-Karte an den Mikrocontroller anschließen, auf der dann die Werte gespeichert werden.

8.3.3   Was kannst Du beobachten?

Der Sensorwert bzw. der UV-Index ist an einem sonnigen Ort viel höher als im Schatten. Dennoch kann man auch im Schatten oder bei einem bedeckten Himmel UV-Strahlung nachweisen. Die Intensität der Strahlung ist zwar geringer, sie ist jedoch trotzdem mit dem empfindlichen UV-Sensor messbar.

8.3.4   Was ist der Grund dafür, was ist passiert?

Der UV-Sensor reagiert empfindlich auf UV-Strahlung. Trifft UV-Strahlung auf den Sensor, so entsteht ein elektrischer Strom, ganz ähnlich wie bei einer Solarzelle. Die Spannung dieses Stroms kann der Mikrocontroller messen und in den UV-Index umrechnen. Anschließend können die Werte auf dem Display ausgegeben werden.

Je mehr UV-Strahlung auf den Sensor trifft, desto größer ist die Spannung, die der Mikrocontroller misst. Die Spannung ist also ein Maß dafür, wie intensiv die UV-Strahlung ist.

8.3.5   Was Du wissen solltest

Mikrocontroller werden in unserem täglichen Leben in fast allen Bereichen eingesetzt. Mit ihnen ist es möglich, Messwerte von angeschlossenen Sensoren zu messen, umzurechnen und aufzuzeichnen. Du kannst mit dem UV-Sensor die Intensität der UV-Strahlung an verschiedenen Orten messen. Ebenso kannst Du verschiedene Stoffe und Materialien auf ihre UV-Durchlässigkeit überprüfen.

Die Möglichkeiten für den Einsatz eines Mikrocontrollers sind fast unbegrenzt. So ist es leicht möglich, noch weitere Sensoren an den Mikrocontroller anzuschließen, wie z. B. ein Thermometer oder einen Luftfeuchtigkeitssensor. So kannst Du Dir ganz leicht Deine eigne Wetterstation für zu Hause bauen (siehe Abb. 8.9).

8.3.6   Sicherheitshinweise und Entsorgung

Entsorge die Batterie auf keinen Fall im Hausmüll. Für Batterien gibt es extra Sammelstellen (z. B. in Supermärkten), um die enthaltenen Stoffe ordentlich zu recyceln oder zu entsorgen.

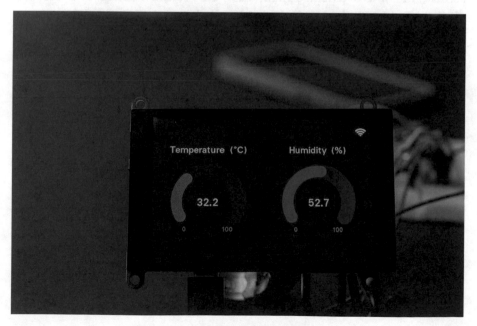

Abb. 8.9   Eine Wetterstation für zu Hause (© suwanb/stock.adobe.com)

8.4   Weiterforschen zu UV-Strahlung und UV-Schutz

Ideen zum Weiterforschen

- Schützt dunkle Kleidung besser vor UV-Strahlung als helle Kleidung?
- Schirmt eine Creme mit einem höheren Lichtschutzfaktor tatsächlich mehr UV-Strahlung ab?
- Schützen Scheiben eines Autos die Insassen vor Sonnenstrahlung – und gibt es Unterschiede zwischen den Scheiben?
- Gibt es andere Stoffe, wie Lebensmittel (z. B. Kokosöl) oder Zahnpasta, die alternativ zu einer Sonnencreme verwendet werden können?
- Wie verändert sich der UV-Index über den Tag?
- Den UV-Index an Deinem Wohnort kannst Du auf der Website des Deutschen Wetterdiensts (www.dwd.de) herausfinden. Kannst Du mit Deinen Messungen die Angaben bestätigen, oder sind sie ungenau?

Materialien und Tipps für Dein Weiterforschen

Du kannst verschiedene Kleidungsstücke, Cremes, Gläser und andere Stoffe auf ihren UV-Schutz untersuchen. Damit Du die Ergebnisse vergleichen kannst, musst Du darauf achten, dass der Versuchsaufbau und die -bedingungen (Abstand zum Sensor oder Belichtungszeit) möglichst immer gleich sind.

9

Überlegungen zu den Tüftelaufgaben

Zu Tüftelaufgabe 1: Wie erzeugst Du den meisten Schaum?
Schaum besteht aus Seifenblasen, die mit Gas gefüllt sind. Normalerweise bringt man dieses Gas durch Pusten oder Schütteln in die Seifenlösung hinein, sodass Blasen entstehen. Wenn man weder pusten noch schütteln darf, muss das Gas woanders herkommen.

Gibt man Haushaltsnatron und eine Säure zusammen, so wird Kohlenstoffdioxid freigesetzt. Die benötigte Säure kann aus Essig oder Zitronensaft kommen, wobei Essigessenz den höchsten Säureanteil enthält. Haushaltsnatron besteht zum größten Teil aus Natriumhydrogencarbonat, einem Salz. Dieses ist in geringeren Mengen auch in Backpulver enthalten. In Backpulver ist außerdem eine feste Säure schon beigefügt, zum Beispiel Weinsäure. Sobald diese Feststoffe in Flüssigkeit gelöst werden, können beide Stoffe miteinander reagieren.

Um am meisten Schaum zu produzieren, benötigt man zunächst möglichst wenig Wasser mit ausreichend Seife. In Spülmittel ist die Seife schon flüssig und löst sich leichter in dem wenigen Wasser. Außerdem enthalten manche feste Waschmittel Schauminhibitoren, also Stoffe, die übermäßiges Schäumen verhindern. Am besten gibt man Natriumhydrogencarbonat und Säure in hohen Konzentrationen zur Seifenlösung hinzu. Das meiste Kohlenstoffdioxid-Gas sollte also entstehen, wenn man einen Esslöffel Haushaltsnatron und dann einen Esslöffel Essigessenz zugibt.

K. Weirauch et al., *Glibber, Glimmer, Laserschwerter: Chemie-Experimente zuhause*, https://doi.org/10.1007/978-3-662-67349-2_9

Zu Tüftelaufgabe 2: Welches ist das Vitamin C?

Vitamin C schmeckt nicht nur sauer, es ist auch chemisch gesehen eine Säure. Die korrekte wissenschaftliche Bezeichnung ist Ascorbinsäure. Im Labor ist Essen streng verboten, und daher braucht man eine andere Möglichkeit, um festzustellen, ob in einer Lösung Säure enthalten ist oder nicht. Man nutzt stattdessen bestimmte Farbstoffe, die die Eigenschaft haben, mit dem Säuregrad ihre Farbe zu ändern. Solche Anzeigestoffe nennt man „Indikatoren". Eine Farbstoffgruppe, die sich als Indikatoren bewährt hat, sind die Anthocyane. Sie färben viele Blüten oder Gemüse dunkelrot bis blau – zum Beispiel Rotkohl. In schwarzem Tee findet sich eine Vielzahl an roten bis schwarzen Farbstoffen aus der Gruppe der Theaflavine. Auch sie verfärben sich durch Zugabe von Säure, zumeist verändert sich die Farbe in Richtung Rot bis Gelb.

Um herauszufinden, welches der weißen Pulver Vitamin C ist, nutzt man schwarzen Tee oder Blaukrautsaft und gibt jeweils eine kleine Menge Pulver hinzu. Als positive Blindprobe wird der Farbstoff mit Vitamin C versetzt, damit man ein Beispiel dafür hat, wie sich die Farbstoffe mit Säure verfärben. Die Probe, die die gleiche Farbe hat wie die Blindprobe, ist das Vitamin C.

Der chemische Effekt einer Säure kann durch bestimmte Stoffe umgekehrt werden. Solche Gegenspieler von Säuren nennt man Basen. Gibt man zur angesäuerten Blaukrautlösung nach und nach kleine Mengen Haushaltsnatron hinzu, so kann man die Verfärbung wieder aufheben. Und wenn man sehr viel Base hinzugibt, erhält man eine neue Farbe. Säure-Base-Indikatoren können also nicht nur saure Lösungen anzeigen (z. B. Blaukrautsaft durch Rotfärbung), sondern auch basische Lösungen (durch Blau- bzw. sogar Gelbfärbung).

Tüftelaufgabe 3: Wie kann man am besten 10 ml Wasser mit einer Macadamianuss erhitzen?

Keine der Beschreibungen ist vollständig und keine ist „ideal". Aber in jeder stecken gute Ideen. Es ist sinnvoll, das Wasser nicht in ein Becherglas zu füllen, sondern in das Aluschälchen eines Teelichtes. Das Metall transportiert die Wärme viel schneller ins Wasser, als es das Glas vermag. Ehe man umständlich eine Halterung für das Wasserschälchen baut, kann man gleich den Draht einer Sektflasche nehmen. Die Macadamianuss sollte natürlich am besten so dicht wie möglich unter dem Schälchen liegen. Dabei sollte sie einerseits gegen Wind geschützt sein, benötigt aber ausreichend Sauerstoff zum Brennen. Als Halterung hat sich entweder ein weiteres Aluschälchen bewährt, das man auf etwas draufstellt, damit die Flamme die Wasserschale erreicht, oder eine extra gebaute Halterung aus Alufolie.

Erratum zu: Glibber, Glimmer, Laserschwerter: Chemie-Experimente zuhause

Erratum zu:
K. Weirauch et al., *Glibber, Glimmer, Laserschwerter: Chemie-Experimente zuhause*, https://doi.org/10.1007/978-3-662-67349-2

Liebe Leserin, lieber Leser,

vielen Dank für Ihr Interesse an diesem Buch. Leider haben sich trotz sorgfältiger Prüfung Fehler eingeschlichen. Einige der Abbildungen in diesem Buch wurden vom Verlag versehentlich ohne Quellenangabe veröffentlicht. Dies wurde nun korrigiert.

Kapitel 3/Seite 21: Der Bildnachweis „Photo courtesy of the Missouri Department of Conservation" wurde hinzugefügt.

Kapitel 4/Seite 33, 34: Die Bildnachweise „© David Harris, Royal Botanic Garden Edinburgh, copyright remains with RBGE" und „© Image Source/Getty images/iStock" wurden hinzugefügt.

Kapitel 5/Seite 62: Der Bildnachweis „© memoriesarecaptured/Getty Images/iStock" wurde hinzugefügt.

Die aktualisierten Versionen dieser Kapitel finden Sie unter
https://doi.org/10.1007/978-3-662-67349-2_3
https://doi.org/10.1007/978-3-662-67349-2_4
https://doi.org/10.1007/978-3-662-67349-2_5
https://doi.org/10.1007/978-3-662-67349-2_6
https://doi.org/10.1007/978-3-662-67349-2_7
https://doi.org/10.1007/978-3-662-67349-2_8

© Der/die Autor(en), exklusiv lizenziert an Springer-Verlag GmbH, DE, ein Teil von Springer Nature 2024
K. Weirauch et al., *Glibber, Glimmer, Laserschwerter: Chemie-Experimente zuhause*, https://doi.org/10.1007/978-3-662-67349-2_10

Kapitel 6/Seiten 73, 74, 84, 88: Die Bildnachweise „© focus finder/stock. adobe.com" und „© ZHdK, www.mathmos.ch" und „(© nikolaydonetsk/ stock.adobe.com)" wurden hinzugefügt. Der Bildnachweis „© nikolaydonetsk/ stock.adobe.com" auf Seite 84 wurde gelöscht.

Kapitel 7/Seite 91: Der Bildnachweis „© Toxitz/Getty Images/iStock" wurde hinzugefügt.

Kapitel 8/Seite 101: Der Bildnachweis „© designprojects/Getty Images/ iStock" wurde hinzugefügt.